「100円ショップ」の ガジェットを分解してみる!

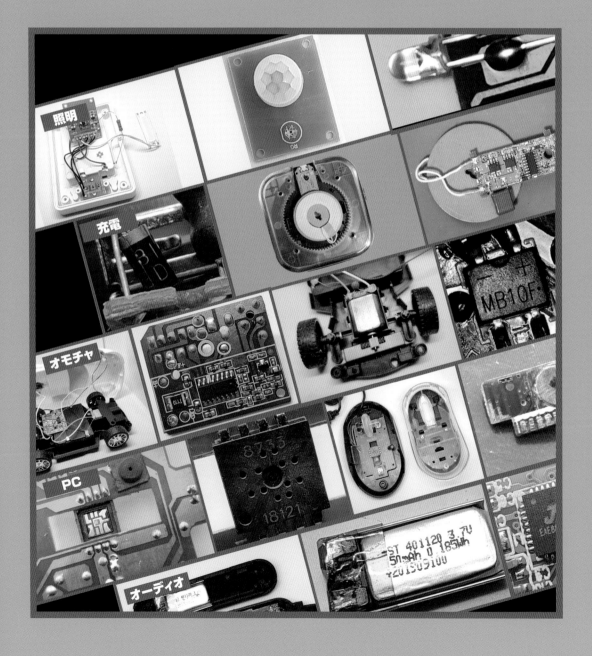

はじめに

　本書を手に取っていただきありがとうございます。

　2020年に入って、キャンドゥからも「100円(税別)」を超えたシリーズが発売されるなど、ダイソー以外の100円ショップで面白いガジェットを見かける機会が増えました。
　そこで、この第2巻では、ダイソー以外に、セリアやキャンドゥで手に入るガジェットも分解しています。
　機能や外観の似た商品でも、販売元が違えば機能や性能に差があり、分解すると各社の特徴が見えてくるものです。

＊

　今回も分解および解析に使っているのは「個人でも購入できる(1万円程度)機材」です。
　数千円で購入できるUSB顕微鏡でも「シリコンチップの表面」を見ることができます。

＊

　「100円ショップ」の電子機器を分解することで分かる、「安く作るための工夫」や「日本では名前を知られていないけど、実はよく使われている部品メーカー」といった「いろいろな発見」は、筆者自身の「ものづくり」にも大きな参考となっています。

　分解した基板を確認しつつ、部品の「データシート」を探し、それを元に回路図を作ることで、「今まで見慣れたガジェットが動作する仕組み」と、「シンプルにするための設計上の工夫」が分かって感心することが多くありました。
　また、入れ替わりの激しい「100円ショップ」の商品は、本書でも紹介している「ワイヤレス・チャージャー」のような予想もしなかった「ガジェット」が突然登場したりします。

　本書を手に取って興味をもったら、ぜひ近所の100円ショップを覗いてみて、見つけた面白い「ガジェット」をいろいろな場所でシェアしてください。

ThousanDIY

「100円ショップ」の ガジェットを分解してみる!

Part 2

CONTENTS

第**1**章

「照明」のガジェット

「リモコン・ライト」など、「照明」として活
躍するガジェットを分解します。

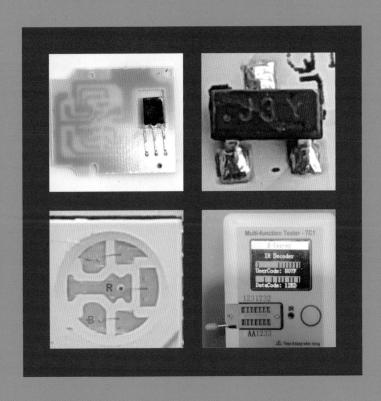

1-1　リモコン・ライト(ライト側)

　ダイソーから赤外線リモコン制御が可能な「リモコン・ライト」が、300円(税別)という価格で登場しました。

　今回は、「ライト側」(受信側)を分解します。

■「パッケージ」と「製品」の外観

　「リモコン・ライト」は「LEDライト」のコーナーで販売されています。
　タイプは「イルミネーション」と「ホワイト」の2種類。

　今回は「フルカラー版」である、「イルミネーション」を分解します。

「LEDライト」のコーナーで販売

＊

　パッケージの表面には各キーの説明、裏面には「操作マニュアル」が記載されています。

　裏面の下段には、「100円均一商品」の企画製造卸会社、「(株)グリーンオーナメント」(https://www.green-ornament.com/)と記載されています。

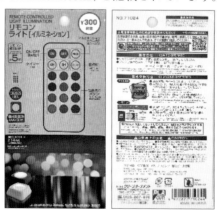

製品パッケージの表示

■ 本体の分解

●同梱物

　パッケージの内容は、「本体」と「リモコン」で構成されています。

　「リモコン」にはテスト用の「ボタン電池」(CR2025)が、シートで絶縁された状態で装着されています。

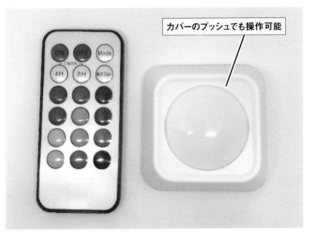

パッケージの内容

　本体のカバー部分は「プッシュ・ボタン」になっており、「リモコン」と「プッシュ・ボタン」の両方で操作できます。

●本体の分解

　今回は「本体部分」の分解をしていきます。

　(「リモコン」は次節で分解予定)

*

　本体底面をひねって開けると、「電池ボックス」の四隅に固定用の「ネジ」があります。

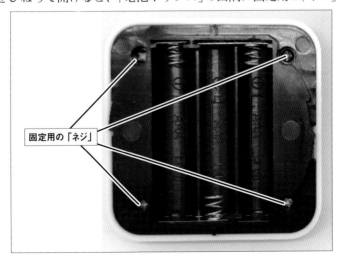

本体底面の「ネジ」

　「ネジ」を外して本体上面のカバー部分を外すと、基板上には「プッシュ・スイッチ」があり、そのスイッチをLED上部にはめ込まれた半透明の成形品のフチで押す、という、シンプルな構造です。

　「電池ボックス」はリード線で直接「メイン基板」にハンダ付けされています。

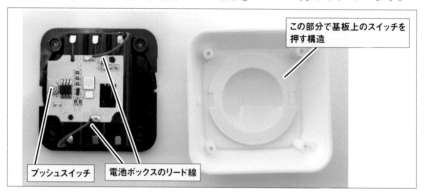

この部分で基板上のスイッチを押す構造

プッシュスイッチ　　電池ボックスのリード線

開封した本体

■「回路構成」と「主要部品の仕様」

●メイン・ボード

　「メイン・ボード」は「ガラス・コンポジット」（CEM-3）の「片面基板」です。

　表面には基板の「型番」（HY005RSB-02）と「製造日」（2019-08-15）が印刷されています。

　表面に実装されている主な部品は、2個の「LED」（「フルカラー」と「白色」）、「制御用マイコン」「LEDドライブ用トランジスタ」「プッシュ・スイッチ」です。

　基板に開けられた穴からは、リモコン受光部が表側に出ています。

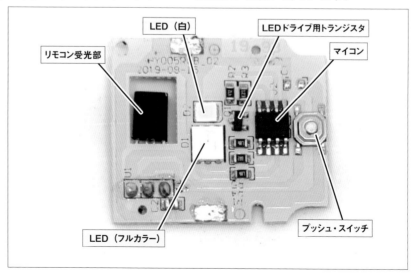

LED（白）　　LEDドライブ用トランジスタ

リモコン受光部　　　　　　　　　　　マイコン

LED（フルカラー）　　　　　プッシュ・スイッチ

メイン・ボード（表面）

赤外線リモコン受信モジュールは裏面に足を折り曲げて実装されています。

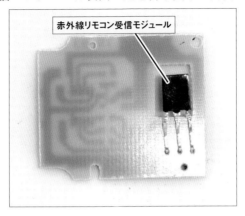

メイン・ボード(裏面)

●回路構成

基板パターンから「メイン・ボード」の回路図を書き起こしたものが、次の図になります。

「NM」は、「パターン」はあるが、「実装」されていない部品です。

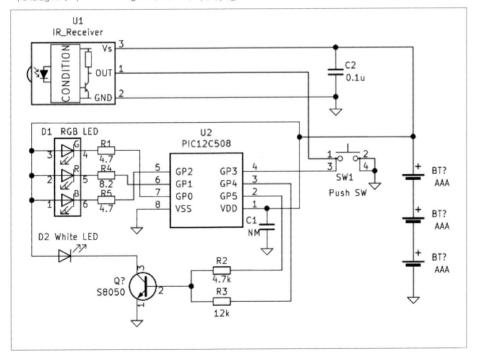

メイン・ボード回路図

電源は「レギュレータ」などを搭載せず、直接、「乾電池」(「単4乾電池電池」×3本の直列接続=約4.5V)から供給されています。

*

　「制御用マイコン」は「電源入力」と「入出力ポート」(GPIO) のみの、シンプルな構成です。

　「フルカラーLED」は「制御用マイコン」から直接ドライブされており、各色の「ポート」が「L」になることで点灯します。

　「白色LED」はトランジスタ経由でドライブされており、トランジスタの「ベース抵抗値」を変更することで、流れる電流を2段階で制御しています。

　「制御リモコン受信信号」と「プッシュ・スイッチ」の「入力ピン」は兼用となっていて、一定時間以上GNDレベルになると、「プッシュ・スイッチ」が押されたと検出しているようです。

■ 主要部品の仕様

　本製品の主要部品について調べていきます。

●制御用マイコン「PIC12C508」(互換品)

制御用マイコン

　パッケージには特に印刷がなく、メーカーの特定はできませんでした。

　「電源」(VDD) と「GND (VSS) ピン」の配置から、マイクロチップ社 (Microchip Technology Inc.：https://www.microchip.com/) の8ビット・マイコン、「PIC12C508」のピン互換品だと思われます。

＊

　「PIC12C508」のデータシートは、以下から入手できます。

https://bit.ly/2WM5Hqv

　「PIC12C508」は、「電源」以外の「外付け回路」は不要で、「動作電圧範囲」も2.5～5.5Vと広く、「単4電池」3本での動作でも、問題はなさそうです。

●「赤外線リモコン」受信モジュール「VS838」

「赤外線リモコン」受信モジュール

　「赤外線リモコン」受信モジュールは、形状から同じ型番で複数の会社で作られている「中国での汎用品」である、「VS838」であると思われます。

　「VS838」は、Aliexpressでは、10個100円程度で購入できます。

https://bit.ly/2QM3GGI

　「データシート」は、各社で使い回されていると思われるもの(メーカー名がないもの)が、以下から入手できます。

https://bit.ly/2QMX37i

　「受信周波数」は38kHz、「電源電圧範囲」は2.7〜5.5Vなので、こちらも「単4電池」3本での動作でも問題はなさそうです。

●フルカラーLED「SMD505」3色独立タイプ

フルカラーLED

　「フルカラーLED」は、「SMD5050」(面実装5mm×5mmサイズ)の、「RGB独立タイプ」です。
　写真では分かりやすいように、R/G/Bの配置を追記しています。

　これも、同一形状・機能のものが複数の会社で作られている、「中国での汎用品」です。

　Aliexpressでは、100個100円程度で購入できます。

https://bit.ly/2vR7Iqa

＊

　「データシート」は、「Shenzhen Yuanlei Technology Co Ltd」（http://www.yuanlei-led.com/）のものが、以下から入手できます。

https://bit.ly/3bvfsNS

　各色のLEDは、制御用マイコンのポートに、「電流制限抵抗」（R1,R4,R5）を介して直接接続されおり、各ポートが「L」になることで点灯します。

　LEDの「順方向電圧」（Vf）は各色で異なっており、「電流制限抵抗値」もそれぞれ別になっているのですが、使用条件の「順方向電流」（If＝20mA）に対して、「制御用マイコン」の「Lレベル」のI/O出力電圧（VOL）がSPEC最大値（0.6V）としても、抵抗値が小さいのが気になります。

LEDの順方向電圧のSPEC（抜粋）

Parameter	Symbol	Color	Min	Typc	Max	Unit
Forward Voltage	Vf	R	1.80	—	2.40	V
		G	2.80	—	3.60	
		B	2.80	—	3.60	

●白色LED「SMD2835」タイプ

白色LED

　「白色LED」は「SMD2835」（面実装2.8mm×3.5mmサイズ）タイプです。

　これも「同一形状」「同一機能」のものが複数の会社で作られています。

Aliexpress では 100 個 50 円程度で購入できます。

https://bit.ly/3ahYP85

「データシート」は、「广东锐陆光电科技有限公司」(GUANGDONG ELITE PHOTOELECTRIC TECHNOLOGY CO.,LT, http://www.smd-emc-led.com/) のものが、以下から入手できます。

https://bit.ly/3dA1f3M

LED の順方向電圧 (Vf) は 2.8〜3.4V、最大順方向電流 (If) は 60mA となっています。

本機では「電流制限抵抗」は実装されておらず、「順方向電流」は LED ドライブ用トランジスタのベース抵抗で制御されています。

●NPN トランジスタ「S8050」

NPN トランジスタ

「白色 LED」をドライブするためのトランジスタです。

表面のマーキング「J3Y」より「S8050」という型番の「PNP トランジスタ」であることが分かります。

これも同じ型番が複数の会社で作られています。

「データシート」は、「江苏长电科技股份有限公司」(JIANGSU CHANGJIANG ELECTRONICS TECHNOLOGY CO.,LTD,　http://www.cj-elec.com/) のものが、以下から入手できます。

https://bit.ly/2QPstd3

コレクタ飽和電圧「Vce(sat) ＝ 0.6V(max)」、最大コレクタ電流「Ic ＝ 0.5A」なので、使用条件としては問題なさそうです。

ただ、本機では「ベース抵抗」でLEDに流れる電流を制御しており、「S8050」は、「直流電流増幅率Hfe」が「120～350」とSPECの幅が大きいため、「白色LED」に流れる電流をある程度の精度で決定するような設計は出来ていないと思われます。

＊

回路構成で気になる点は、「フルカラー」「白色」ともに、LEDの電流制御が「回路定数」で明確に規定できる設計になっていないところです。

いわゆる「現物合わせ」で抵抗値を決めている可能性が高そうです。

たとえば、(a) LED自体や制御マイコンポートへのダメージ、(B) 周囲温度によるLEDに流れる電流（＝明るさ）の変化などに影響があります。

価格とのバランスでそこは割り切っていると思われますが、あまり良い設計ではないと感じました。

「メイン・ボード」上の製造日（2019-08-15）からも、まれに見掛ける、「過去の訳あり在庫を安く放出している」というわけではなさそうです。

本品の供給元である「(株) グリーンオーナメント」（https://www.green-ornament.com/）は、国内で商品企画をし、中国のパートナー（商社・工場）で設計・生産する、というビジネスモデルの会社です。

本製品も中国で安価に手に入る「汎用品」を組み合わせることで、リモコンと本体をセットで300円という「コスト重視」の商品となっているのが分かります。

1-2　リモコン・ライト(リモコン側)

今回は「リモコン」(送信側)を分解します。

前回に引き続き、ダイソーの「リモコン・ライト」の「フルカラー版」である「イルミネーション」を分解します。

■ リモコンの分解

●外観

「リモコン」は薄型のカードタイプです。

表面はボタンが印刷されたシートになっていて、「ボタン電池」(CR2025 × 1個)で動作します。

「ボタン電池」は裏面の下側からガイドにはめて差し込む形で装着します。

リモコンの外観

●リモコンの分解

リモコン自体には「ネジ」や「はめ込み部分」はありません。

表面のボタンが印刷された「ボタン・シート」の端に、カッターなどを差し込んで剥がしていくと、基板の「電極面」がむき出しになります。

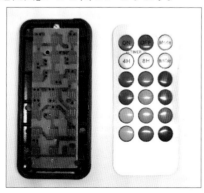

表面のシートを剥がした状態

　「ボタン・シート」は、ボタン部分が盛り上がるように成型されていて、ボタン部の裏に「導電塗料」による「接点」が印刷されています。

　テスターで確認したところ、各「接点」は、互いに導通していないので、設計次第ですが、複数ボタンの「同時押し」も検出可能なようになっています。

＊

　接点の周辺は「粘着シート」になっていて、基板の電極側に直接貼り付けることによって「リモコン・ボタン」用のスイッチを構成しています。

　基板のいちばん下の電極の部分には「ボタン・シート」の接点が配置されていないことから、「リモコンの外装成形品」と「回路基板」はいわゆる「汎用品」であると思われます。

　「ボタン・シート」とソフトウエアの変更だけで、さまざまな種類への展開が可能である、非常にシンプルな設計です。

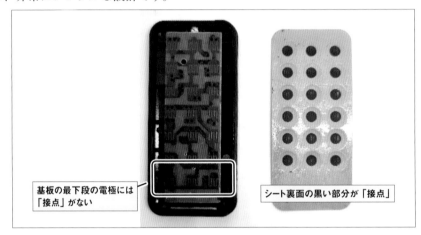

基板の最下段の電極には「接点」がない

シート裏面の黒い部分が「接点」

ボタン・シート「裏面」

■「回路構成」と「主要部品」の仕様

●プリント基板

　「プリント基板」は、外装の成形品の「ボス」に「プリント基板」をはめ込んだあと、「ボス」を熱でつぶして固定されているので、「ボス」部分をカッターなどで削って、プリント基板を取り外します。

＊

　「プリント基板」の基材は、「紙フェノール」です。

　「部品面」には、型番の「TP626-10」と製造年月日「13.6.6」が「プリントパターン」で表示されています。

＊

　実装されている部品は、リモコン信号送信用の「赤外線LED」と、樹脂モールドで基

板にチップを直接実装した「コントローラ」、バネで構成された「ボタン電池用電極」のみ、という非常にシンプルな構成になっています。

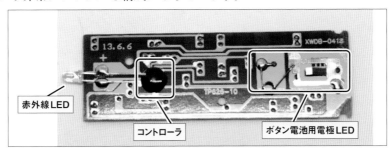

「プリント基板」の部品面

　基板の「電極面」と「部品面」の接続については、「電極面」を「導電材料」(「黒色」であることから、「カーボン・ペースト」と思われる)で印刷する際に、基板に開けた「穴」から導電材料が「部品面」に回り込んで、「穴」の周りの基板パターンの「ランド」に付着することで導通させています。

「電極面と「部品面」の接続部(拡大)

●回路構成

　「基板パターン」から「プリント基板の回路図」を書き起こしたものが、**次図**になります。

　「NM」は、"基板に「電極」はあるが、「ボタン・シート」に「接点」がないボタン"です。

＊

　「SW」の番号は、「リモコン・ボタン」の左上から横に、「SW1」「SW2」…とジグザグにふっています。

　右下が「SW18」となります。

　SW19〜SW21は「基板パターン」(電極)のみで、「ボタン・シート」の「接点」はありません。

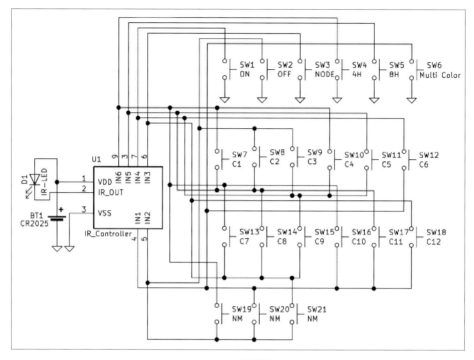

リモコン回路図

　「電源」は「ボタン電池」(「**CR2025**」, 約3V)、「送信用」の「赤外線LED」の「アノード」も「ボタン電池」に直接つながっています。

＊

　「赤外線LED」は、外部に抵抗はなく、コントローラの「IR_OUTピン」で直接駆動されています。

　「リモコンのボタン」は6本の「入力ピン」および「GND」の組み合わせで検出しています。

　各「ボタン」(SW 1〜21)と「入力」の組み合わせを一覧にしたものが、次の**表**です。

　すべての組み合わせを無駄なく使っていることが分かります。

ボタンと入力の組み合わせ

	IN1	IN2	IN3	IN4	IN5	IN6	GND
IN1							
IN2	SW20						
IN3	SW18	SW21					
IN4	SW12	SWE9	SW15				
INS	SW17	SW8	SW14	SW11			
IN6	SW16	SW19	SW13	SW10	SW7		
GND	SW6	SW2	SW3	SW1	SW5	SW4	

■ 主要部品の仕様

本製品の主要部品について調べていきます。

●赤外線LED

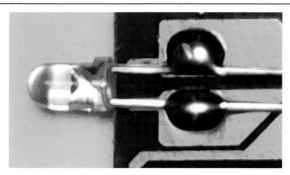

赤外線LED

「赤外線LED」は直径3mmの"砲弾型"の汎用品です。

「赤外線リモコン」では、一般的に「ピーク波長940nm」のものが使われています。

　本体には特にマーキングもなく、メーカーの特定はできませんでしたが、「赤外線LED」はAliexpressでは10個15円程度で購入できます。

*

同等品の「データシート」は、秋月電子通商のサイトから入手できます。

https://bit.ly/34OJ5Yi

　25℃での「順方向電圧VF＝1.6V（max）」でありCE2025（3V）での動作でも、問題はありません。

●コントローラ

　「コントローラ」は基板に「チップ」（ダイ）を直接実装し、「樹脂モールド」で固められています。

　今回も「樹脂モールド」を削り、「チップ」を露出させた状態で「USB顕微鏡」で拡大しました。

*

　「モールド部」には「ワイヤボンディング」の跡が9か所あり、「プリント基板」のパターンと一致しています。

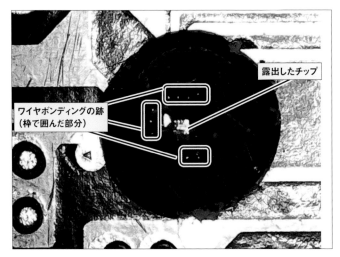

「モールド」を削ってチップを露出させた状態

「チップサイズ」は実測で「0.7mm × 0.6mm」です。

チップの拡大写真を以下に示します。

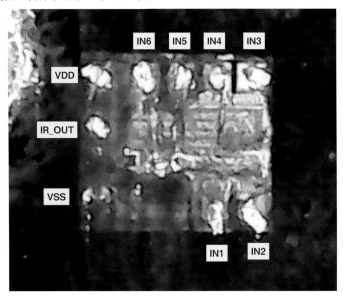

チップの拡大写真

「パッド数」は9個、「基板パターン」と「各信号のパッド配置」は一致しています。

＊

チップメーカーについては調べたのですが特定することができませんでした。

●「リモコン・コード」の確認

　各ボタンの「リモコン・コード」の解析には「Multi Function Tester TC-1」を使いました。

　国内では秋葉原の「Shigezone」(http://www.shigezone.com/)で入手可能です。
https://bit.ly/3am2Vv8

　通常は「抵抗」「コンデンサ」「トランジスタ」の測定に使うのですが、本体にある「IR受光部」で「リモコン・コード」を解析して、波形を表示する機能があります。
　この機能を使い、リモコンのONボタンを押して受信した結果が以下です。

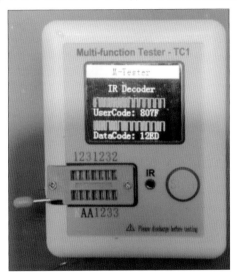

「Multi Function Tester」での受信結果

　「リモコン信号」の「波形フォーマット」は「パルス位置変調方式」(PPM/Pulse Position Modulation)です。

　データが「1」の場合は、ON期間の後にOFF期間がON期間の3倍の長さで続きます。

　「0」の場合は、ON期間とOFF期間はほぼ同じ長さとなります。

　「Multi Function Tester」では、波形は「ON」と「OFF」の極性が逆で表示されています。

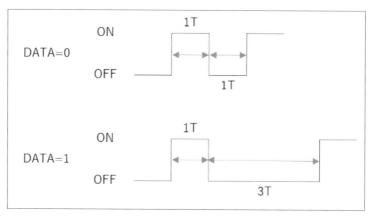

パルス位置変調方式

　本リモコンでは、「**User Code**」(機器判別用コード) の「807F」(1000 0000 0111 1111)、「**Data Code**」の「12ED」(0001 0010 1110 1101) のどちらも16ビットで、「8 ビットのデータとそのビット反転コードの組み合わせ」となっており、「**NEC** フォーマット」であることが分かります。

＊

　「**NEC** フォーマット」については、秋月電子通商で販売している同一形状の「カードリモコン」のデータシートが参考になります。

https://bit.ly/34ObXQk

＊

　本リモコンの各ボタンの位置に対する「データコード」のリストを、以下に示します。「リモコンのボタンの位置」と「セルの位置」は一致するように並べています。

各ボタンの「データコード」		
カスタムコード:807F		
12ED	1AE5	1EE1
01FE	02FD	03FC
04FB	05FA	06F9
07F8	08F7	09F6
OAF5	1BE4	1FE0
OCF3	ODF2	OEF1
N/A	N/A	N/A
N/A: 利用できないボタン		

＊

　今回分解した「カード型」の「リモコン」は、基板の電極に貼りつける「ボタン・シート」と各ボタンに割り当てる「リモコン・コード」(ソフトウエア) の変更で、「成形品」と「基板」を変更することなしに、複数の機器向けに展開できる、「汎用品」(いわゆる「公板」「公模」)でした。

前節で分解した「ライト本体」の「メイン・ボード」の基板の製造日（2019年8月15日）に対して、リモコンの基板の製造日は「2013年6月6日」となっており、かなり以前から汎用で流通している、いわゆる「枯れた製品」です。

「リモコン」も、中国で安価に手に入る「汎用品」とすることで「リモコン」と「本体」をセットで300円（税別）という「コスト重視」の商品となっているのが分かります。

*

今回の「リモコン」は「ボタン」の数が18個と多く、一般的な「NECフォーマット」を採用しているので、"電子工作用のコントローラ"として非常に魅力的な選択肢の一つとなりました。

1-3　センサ・ライト

ダイソーで、人が近づくと自動で点灯する「センサ・ライト」を、300円（税別）で発見しました。

さっそく購入して分解してみます。

■「パッケージ」と「製品の外観」

「センサ・ライト」は「LEDライト」のコーナーで見つけました。

「パッケージ」は最近ダイソーでよく見掛ける茶色い台紙のブリスターパックです。

中央には「人感センサ」のようなものがあります。

「LEDライト」のコーナーで発見

「台紙の表面」には「簡単な仕様」、「裏面」には「取り扱い説明書」が記載されています。

「裏面下段」には「低価格ガジェット」の企画製造卸会社である、「（株）グリーンオーナメント」（https://www.green-ornament.com/）の記載があります。

＊

前回の「リモコン・ライト」も同様のパッケージだったので、ダイソー向けのグリーンオーナメント製品の共通カラーのようです。

パッケージ台紙の表示

■ 本体の分解

●パッケージの内容

「パッケージ」の内容は、「本体」と取り付け用の「差し込みフック」「両面シール」です。

本体の正面には、LEDと「人感センサ」「明るさセンサ」が配置されています。

＊

「背面」には、単4電池3本用の「電池ボックス」と、「動作モード切り替えスイッチ」があります。

「背面」の四隅には、固定用の「ネジ」があります。

「動作モード」は、「OFF」「AUTO」（自動で30秒点灯し消灯）「ON」（常時点灯）の3モードです。

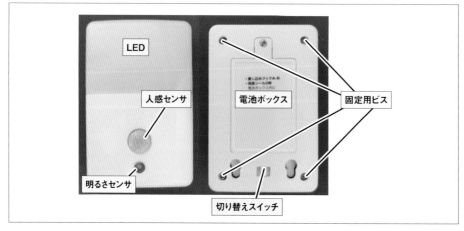

センサ・ライト本体

●「本体」の分解

「本体」は背面の四隅の固定用の「ネジ」を外すことで開封できます。

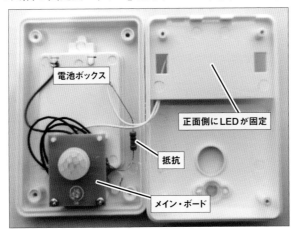

開封した本体

　「メイン・ボード」は背面の成形品に「ネジ」で固定され、「電池ボックス」とは「リード線」で接続されています。

*

　本体正面に配置されたLEDは、アルミ基板上に「COB (Chip on Board) 実装」されたモジュールで、「アキシャル・リード」タイプの抵抗(6.8 Ω)を経由してリード線で「メイン・ボード」と接続されています。

*

　「メイン・ボード」の「固定ネジ」を外すと「スイッチ・ボード」があり、「メイン・ボード」とはリード線で接続されています。

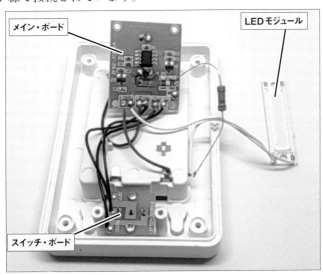

「メイン・ボード」を外した状態

■ 回路構成と主要部品の仕様

●メイン・ボード

「メイン・ボード」は「ガラス・コンポジット」(CEM-3)の「片面基板」です。

表面(パターン面)には、基板の型番(**ZFDZ-JC001A**)がシルクで表示されています。

表面に実装されている部品は、すべて「面実装」、「主な部品」(半導体)は、電源安定用の「LDO」と「コントローラ」、LEDドライブ用の「FET」です。

*

基板上には「リード線」をハンダ付けするためのパッドが設けられています。

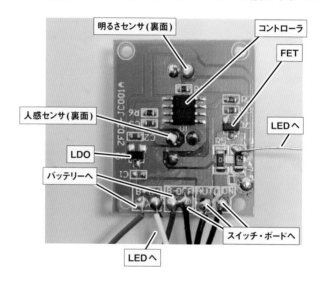

「メイン・ボード」(表面)

*

「人感センサ」および「明るさセンサ」は裏面から足を挿入して「ハンダ付け」されています。

「メイン・ボード」（裏面）

●回路構成

基板パターンから「メイン・ボード」の回路図を書き起こしたものが以下になります。

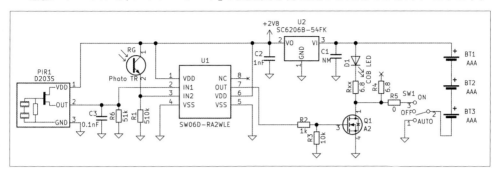

メイン・ボード回路図

「乾電池」（「単4乾電池電池」×3本の直列接続＝約4.5V）から「U2」の「LDO」（Low-dropout regulator）で、「コントローラ」や「センサ系」の電源の「2.8V」を生成しています。

*

「COB LED」の「アノード」は乾電池の⊕側につながっています。

動作モード切り替えスイッチは、

ON：「乾電池」の⊖側が「6.8Ω」の抵抗を介してLEDの両端に接続されて、常時点灯

AUTO：「乾電池」の⊖側が基板の「GND」パターンに接続されてコントローラや各センサが動作、LEDドライブ用の「FET Q1」を経由してLEDの点灯を制御

となっています。

*

基板上の「R4」には「6.8Ω」の「チップ抵抗」が実装されていますが、その先に何も接続されていません。

これは消費電力の関係で基板完成後に「アキシャル・リード」の抵抗に変更されたようです。

■ 主要部品の仕様

次に本製品の主要部品について調べていきます。

●PIRセンサ「D203S」

PIRセンサ

写真は「メイン・ボード」(裏面)の「人感センサ」の樹脂キャップを外したものです。

形状から「PIR (Passive Infrared Ray) センサ」であることが分かります。

本機で使用している3端子のタイプは、「D203S」という型番で複数の会社で作られている「中国での汎用品」で、Aliexpressでは10個350円で販売されています。

https://bit.ly/2TvCnBR

*

「データシート」は複数メーカーで同じものが使い回されており、代表的なもの(会社名が検索しても存在しない「PIR SENSOR CO., LTD」)が以下から入手できます。

https://bit.ly/3grM1zA

スペック上は「Supply Voltage: 3-15V」ですが、「内部等価回路」を見る限りでは、本製品(VDD＝2.8V)でも動作する範囲だと思われます。

●フォトトランジスタ「HW5P-1」

フォトトランジスタ

*

「明るさセンサ」には「フォトトランジスタ」が使用されています。

この形状のものはadafruitで、1個$0.95で販売されています。

https://bit.ly/36otQpE

これは「深圳市海王传感器有限公司」(Shenzhen Heiwang Sensor Co.,ltd., http://www.szhaiwang.cn/)の「**HW5P-1**」で、データシートは以下から入手できます。

https://bit.ly/2Xnx6xE

こちらもスペック上は「Supply Voltage: 3-15V」ですが、「内部等価回路」を見る限りでは、本製品(VDD＝2.8V)でも動作する範囲だと思われます。

● COB LEDモジュール「LZ4010-9」

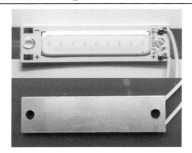

COB LEDモジュール

*

アルミ基板上に実装された「COB LED」のモジュールです。

印字されている型番は、"サイズ(40mm × 10mm)とLEDの数(9個)"となっています。

点灯時のLEDの両端電圧(VF)は、2.8V(実測)です。

このサイズのものは一般的ではないようで、Web上での検索では見つけられませんでした。

本製品では直列に「6.8Ω」の抵抗を挿入して使っているので、動作電流は「(4.5V－2.8V)/6.8Ω＝0.25A,」、消費電力は「2.8V×0.25A＝0.7W」です。

*

Aliexpressでは同等の動作条件でサイズが異なる(60mm × 8mm)ものが1個90円程度で販売されています。

https://bit.ly/2AOcd6X

●LDO(Low-dropout Regulator)「SC6206B」

LDO

マーキング「54FK」、および出力電圧2.8V（実測）から、「深圳市富満电子集団股份有限公司」（Shenzhen Fuman Electronics Group Co., Ltd., http://www.superchip.cn/）の「SC6206B」と判明しました。

Aliexpressでは、100個250円で販売されています。

https://bit.ly/2WUUbbM

「データシート」は、以下から入手できます。

https://bit.ly/3gi71IV

型番からオリジナルは「Torex Semiconductor」の「XC6206」シリーズだと推測できます。

「XC6206」シリーズのデータシートは、以下から入手できます。

https://bit.ly/3bXeZDX

●プロセッサ 詳細不明

プロセッサ

表面のマーキング（SW06D）および「VDD」や「VSS」の配置をベースに検索したのですが、Web上では発見することができませんでした。

オペアンプの可能性もあるのですが、本機の「30秒点灯」という時間制御から「プロセッサ」と判断しました。

＊

ちなみに、チップを基板から剥がしてみたところ、裏面に別のマーキングがありました。

プロセッサ(裏面)

●N-MOS FET 型番不明

N-MOS FET

表面のマーキング(A2)だけでは、型番を特定することはできませんでした。

コントローラからの信号に直列抵抗(R2)が入っているので、当初は「NPN トランジスタ」だと推定したのですが、「COB LED」の駆動のためにはパッケージサイズ(SOT-23)に対する電力損失が大きいので、「Multi Function Tester TC-1」(https://bit.ly/3am2Vv8)で確認した結果、「N-MOS FET」であることが分かりました。

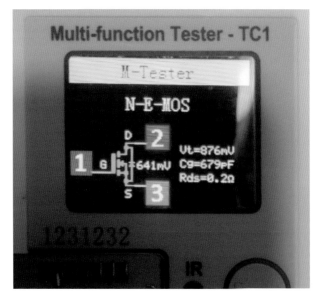

「マルチファンクション・テスター」での確認結果

　これに似たマーキングの「N-MOS FET」としては「SI2303」（マーキングは「A2SHB」）があるのですが、各パラメータが実測値と微妙に異なるため、型番の特定には至りませんでした。

＊

「SI2303」のデータシートは、以下から入手できます。

https://bit.ly/2N44bwB

＊

　本製品を分解して感心した点は、製品のポイントになる「センサ」および「LED」はそれなりにきちんとした部品を使っているところです。

　使用電圧がセンサの部品スペックから若干外れているのも、内部の回路構成から判断したのであれば、ある意味「日本メーカーの基準ではできない設計」と言えます。

　本製品は「リモコン・ライト」と同じ「（株）グリーンオーナメント」（https://www.green-ornament.com/）の製品です。
　「日本で企画し、提携している中国のパートナーで、設計・生産（ODM）する」というビジネスモデルですが、社内に「ローコストの量産設計を理解したプロ」がきちんといるのではないかと感じます。

第**2**章
「充電」のガジェット

「ワイヤレス・チャージャー」など、「充電」
に使うガジェットを分解してみます。

2-1　ワイヤレス・チャージャー

ダイソーでスマートフォン用の「ワイヤレス・チャージャー」を見つけました。
さっそく購入して分解してみます。

パッケージの外観

■ パッケージと製品の外観

ダイソーの「ワイヤレス・チャージャー」は、2020年8月初旬から店頭で見掛けるようになりました。

*

「9V急速充電対応(10W)」で、価格は500円(税別)です。
同等品は、通販サイトで検索すると、1000円～2000円で販売されています。

*

パッケージの内容物は「本体」と「USBケーブル」のみで、同梱の「USBケーブル」は全ピンが接続された「充電・通信対応」です。

「本体」と「付属のUSBケーブル」

パッケージ裏面の表示は、「日本語」「英語」「ポルトガル語」です。

ワイヤレス充電規格「Qi」(チー)の「10W出力」に対応し、入力電圧は「9V/5V」です。

USB充電規格の「**Quick Charge3.0/2.0**」(以降「QC」)に対応した充電器を使うことで、「9V入力での高速充電」ができます。

＊

金属などの「異物検出」や「温度上昇検出」による保護機能もあります。

実際に「金属のカギ」を乗せて確認しましたが、きちんと異物検出動作(赤のLEDが点滅)をしました。

パッケージ裏面の表示(抜粋)

LEDによる状態表示

■ 本体の分解

●本体の開封

本体は裏面の「ゴム足」を剥がした下にある4本の「ネジ」を、「精密ドライバ」で外すと、簡単に開封できます。

＊

「本体」は、(a)「メイン・ボード」と(b)無線送電用の「コイル」、(c)LEDの光で本体周囲を光らせるための「導光版」で構成されています。

「メイン・ボード」は、本体下面の「ボス穴」と「基板の穴」を引っかける形で固定されています。

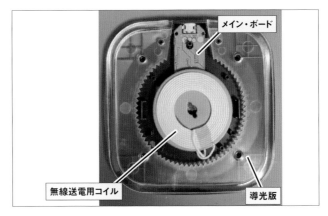

開封した本体

■「回路構成」と「主要部品の仕様」

●メイン・ボード

「メイン・ボード」は「ガラス・エポキシ」(FR-4)の両面基板です。

「部品」はすべて基板表面に実装され、基板の「型番」(K9-10W-CBR)と「製造年月日」(2019.12.12)はシルクで印刷されています。

「無線送電用のコイル」は、「メイン・ボード」に直接ハンダ付けされていて、両面テープとスポンジで基板裏面に固定されています。

「コイル」と直列に、共振用の大きな「フィルム・コンデンサ」がハンダ付けされています。

*

主要な「半導体部品」は、「コントローラIC」と2種類の「ドライバIC」です。

温度検出用の「NTC (Negative Temperature Coefficient：負特性) サーミスタ」や電流検出用の0.03Ωの「チップ抵抗」も実装されています。

*

「メイン・ボード」の基板端付近には「状態表示用のLED」が実装されています。

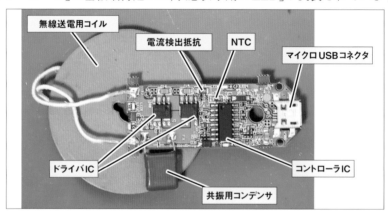

メイン・ボード(表面)

「基板裏面」には「テスト用のランド」が配置されているのみで、実装部品はありません。

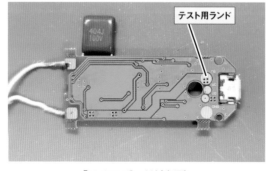

「メイン・ボード」(裏面)

■ 回路構成

次の図は「基板パターン」から書き起こした「回路図」です。

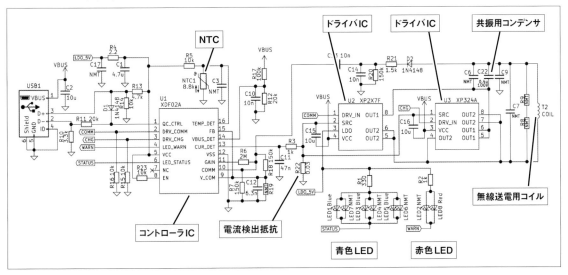

ワイヤレス・チャージャー回路図

　今回は、使っているICの情報をWeb検索で見つけることができなかったので、回路構成から各ICのピンの機能を推定しました。

*

　「コントローラIC」と2個の「ドライバIC」は、「Qi」による無線送電用に組み合わせて使う「チップセット」となっているようです。

　「ドライバIC」は型番違いで2個実装されていて、「共振用コンデンサ」を経由して「無線送電用コイル」の両端に接続されています。

　「コントローラIC」(U1)の電源は、「ドライバIC」(U2)に内蔵された「LDO」(Low Drop Out Regurator)が5Vを生成して供給しています。

*

　回路図から推定した「コントローラIC」の主な機能は、以下です。

(1)給電電流制御機能

　「無線送電用コイル」(T2)に流れる電流を、「電流検出抵抗」(R22)で電圧に変換して入力することで給電電流を制御します。

(2) VBUS電圧制御機能

　急速充電規格である「Quick Charge2.0/3.0」(https://bit.ly/3i3Qh82)に対応したUSB充電器を使ったときに、「1番ピン」のL/HでUSBの「D+」「D-」の電圧を変更することで「VBUS」電圧を「5V/9V」に切り替えます。

(3) VBUS電圧検出機能

USB充電器からのVBUS電圧を「抵抗分割」(R17/R12)して入力することで検出します。

(4)温度上昇保護機能

5V電源から「抵抗」(R5)と「サーミスタ」(NTC1)で分圧された電圧値を16番ピンで検出して、温度異常上昇時の保護を行ないます。

(5)「Qi規格」のコマンド受信機能

本機が対応しているワイヤレス充電規格の「Qi」(https://bit.ly/3cyOOWc)では受電側の負荷を変動させることで送電側にパケットを送信します。

これは「後方散乱変調」による受電側から送電側への単方向通信です。
受電側は定期的にパケットを送電側に送るので、送電側は充電面上にあるものが「Qi対応機器」なのか「それ以外の異物」なのかを判断できます。

この回路では、「受電側」の負荷変動を「ピークホールド回路」(D2/R20/R21/C14)で検出して10番ピンに入力し、コントローラIC内蔵のアンプで必要な振幅に増幅してデコードします。

「抵抗」R6は、2MΩという抵抗値から、コントローラ内蔵アンプのゲイン設定用だと思われます。

(6) LEDによるStatus表示

2個のLED制御出力が、それぞれが「青色LED」「赤色LED」に接続されていて、本体の動作状態をLEDの点滅の組み合わせで表示します。

■ 主要部品の仕様

次に、主要部品について調べていきます。

● コントローラIC(U1)「XDF02A」(詳細不明)

コントローラIC(U1)の表面

コントローラIC(U1)の裏面

　表面にはマーキングがないため、基板から剥がして確認したところ、裏面に「XDF02A」という型番らしき表示がありました。

　この型番でWeb検索したのですが、該当する部品は見つかりませんでした。

● ドライバIC(U2)「XP2X7F」(詳細不明)

ドライバIC(U2)

　表面のマーキングである「4707A」「XP2X7F」でWeb検索したのですが、該当する部品は見つかりませんでした。

　回路的には無線送電用のコイルのドライブに加え、内蔵LDOによって「コントローラIC」用の「5V電源」を生成しています。

● ドライバIC(U3)「XP324A」(詳細不明)

ドライバIC(U3)

　これも表面のマーキングである「**7706A**」「**XP324A**」でWeb検索したのですが、該当する部品は見つかりませんでした。

　「U2」と比較すると、無線送電用のコイルへ接続するピンが増えているので、高速充電時の大電流対応のためにドライバを複数使用しているものと思われます。

■「高速充電」対応動作の確認

　次に、実機を使って「高速充電動作」の確認してみました。

　「USB充電器」には「QC3.0」対応の「**Anker PowerPort+ 1**」(https://amzn.to/3mT3hAP) を使いました。

　また、USB充電器から出力されるVBUS電圧の確認には、VBUSおよびD+/D-の電圧を測定できる、Aliexpressで約$20の「**UD18 USB 3.0 18in1 USB tester**」(https://bit.ly/346yfgu) を使いました。

●「通常充電モード」の動作

　まずは「Qi」の「高速充電」に対応していない受電モジュールで確認した結果です。

「高速充電」未対応の「受電モジュール」を乗せた場合

「USB充電器」の「VBUS出力」は「約5V」で、「通常充電モード」で動作しています。

「D+/D-端子」は、それぞれ約0.7V/約0.1V（コントローラICの1番ピンがL）となっています。

●「高速充電モード」の動作

次に「Qi」の「高速充電」対応のスマートフォン（今回は「iPhone XR」を使用）で確認した結果です。

「高速充電」対応のスマートフォンを乗せた場合

USB充電器のVBUS出力は「約9V」で「高速充電モード」になっているのが分かります。

「D+/D-端子」はそれぞれ「約3.3V/約0.7V」（コントローラICの1番ピンがH）となっています。

ちなみに、「QC」では「USBデバイス側」（本製品）が「QC」の「初期化処理」（詳細は省略）を行なった後に「D+/D-電圧」を表のようにすることで、USB充電器の出力電圧を設定できます。

QC規格の出力電圧設定

D+	D-	VBUS
—	<0.4V	5V(default)
>2.0V	0.4V〜2.0V	9V
0.4V〜2.0V	0.4V〜2.0V	12V

■ 出力特性の確認

●出力電流-電圧特性

次に主要部品について調べていきます。

マイクロ USB タイプの単体の「**Qi 充電レシーバー**」（https://amzn.to/343uxns）を使い、出力コネクタの「VBUS ライン」に「電子負荷」を接続して「出力電流 - 電圧特性」を測定しました。

「電子負荷」は、今までと同様に「**電子負荷装置（定格 10A/60W/1-30V）**」（https://bit.ly/33X3f0w）を使いました。

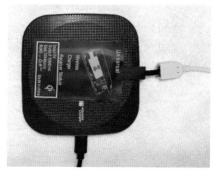

測定に使った環境

なお、「Qi 充電レシーバー」は「高速充電」対応のものが入手できなかったため、「通常充電」モード（VBUS=5V）のみの確認結果となります。

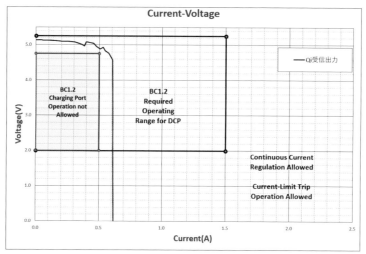

出力電流－電圧特性

＊

「出力電圧」は「USB 充電規格」（BC1.2、500mA までは 4.75V 以上）を満たしています。

「出力電流」が「600mA」を越えたところで、「過電流保護」で出力が停止しました。

●充電効率

　「無負荷」(上に何も載せない状態)でのUSB入力は、実測で「230 m A」と、かなり大きめです。

　充電電流「500mA」出力時の充電効率の実測値は約45%(出力2.5Wに対して入力5.43W)でした。

＊

　「Quick Charge対応」の「Qiワイヤレス充電器」という仕様に対して、機能的な問題は見つかりませんでした。

　使用しているチップセットの詳細は見つけられませんでしたが、Aliexpressでは本製品と同じチップセットを使った基板が販売されている(例:https://bit.ly/33YogcN)ので、中国国内向けには「一般部品」として流通していると思われます。

2-2　乾電池USBチャージャー

今回の分解は、ロングセラーのセリア「乾電池USBチャージャー」です。
以前ダイソーで売られていた同様の商品との比較もしてみます。

■ パッケージと製品の外観

　セリアの「乾電池USBチャージャー」は、「携帯電話」(いわゆる「ガラケー」)全盛期からずっと100円(税別)で販売されている、ロングセラー商品です。

パッケージの外観

＊

　パッケージ表示によると、発売元は「片山利器(株)」(http://www.katayama-riki.co.jp/)、型番は「BBJ01」です。

　「使用上の注意」には、「携帯電話やゲーム機、MP3プレーヤーなどを充電」の記載があり、iPhoneやスマートフォンの充電には使用できない、と記載されています。

　また、使用できる乾電池は、「アルカリ乾電池」と「ニッケル水素電池」で「マンガン乾電池は使用できません」との記載もあります。

⚠ 使用上の注意

●本製品は別売りの単3電池2本を使い、別売りのUSB充電ケーブルを接続して携帯電話やゲーム機、MP3プレーヤーなどを充電するものです。この用途以外には使用しないでください。

本製品はアルカリ乾電池とニッケル水素電池が使用できます。また、ニッケル水素電池は充電が不十分だと使用できない事があります。

マンガン乾電池は使用できません。

パッケージの使用上の注意表示（抜粋）

■ 本体の分解

●本体の開封

　本体の「電池ボックス部分」の蓋を外すと、「メイン・ボード」は、「電池ボックス」の横の、ケースでおおわれている部分にあります。

　ケースの固定は接着剤なので、小型のマイナスドライバを隙間に差し込んでひねると開封できます。
　「電池ボックス」の電極と「メイン・ボード」は、リード線で接続されています。

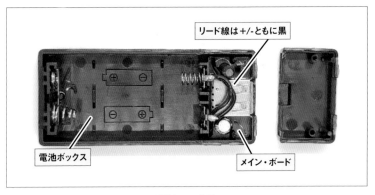

開封した本体

■「回路構成」と「主要部品の仕様」

●メイン・ボード

「メイン・ボード」は紙フェノールの片面基板です。

基板表面には「USB-Aコネクタ」と「昇圧用インダクタ」と「整流ダイオード」、出力電圧充電用の「電解コンデンサ」が実装されています。

「型番」や「製造日」の表示はありません。

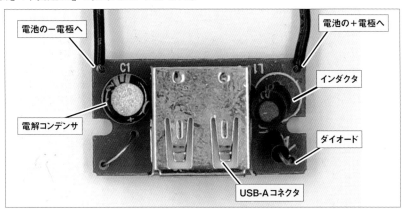

メイン・ボード(表面)

基板**裏面**(パターン面)に実装されている部品は、すべて「面実装」です。

裏面の半導体部品は「昇圧コンバータIC」のみです。

USBの「データ・ライン」(D+/D-)には、「VBUS-GND」を抵抗分割する形で「抵抗」が接続されています。

「電池ボックス」「電解コンデンサ」の「GND」とUSB出力の「GND」は、「USB-Aコネクタ」の金属シェルを経由しての接続となっています。

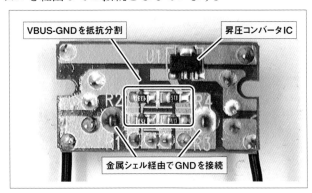

メイン・ボード(裏面)

●回路構成

基板から「メイン・ボード」の回路図を書き起こしたものが以下になります。

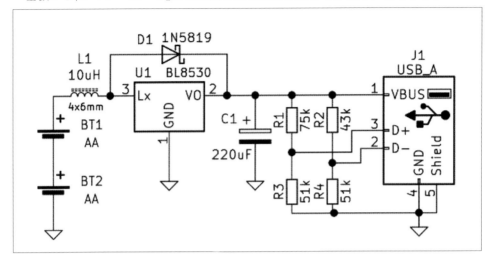

メイン・ボード回路図

回路としては基本的な「昇圧チョッパ」です。

　単3乾電池×2本(約3V)から「パワー・インダクタ」(L1)経由で「昇圧コンバータIC」(U1)に入力されます。

＊

　「U1」のLx端子は内部でGND間のスイッチング動作を行ない、ON時に「L1」に蓄えられたエネルギーをOFF時に「整流ダイオード」(D1)を通して出力側に流すことで「昇圧動作」を行ないます。

　「U1」の「VO端子」は「出力電圧検出」で、出力が一定電圧(5V)になるように「ON/OFF」のDuty比を調整します。

＊

USBの「D+/D-端子」には、「出力電圧」(5V)を抵抗分割して接続されています。
「抵抗分割比」はいわゆる「Apple Charger(1A)」となっています。

※参考までに、抵抗分割によるUSB充電器の判別仕様を示します。

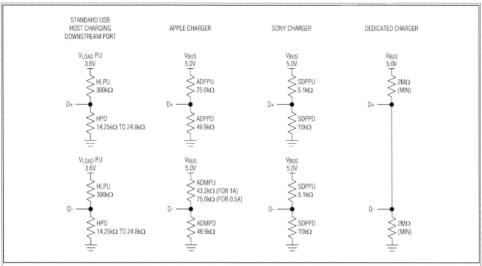

Figure 3. Standard USB Host/Charging Downstream Port, Apple Charger, Sony Charger, and Dedicated Charger

「抵抗分割」による「USB充電器」の判別仕様

（引用元: MAXIM社MAX14578Eデータシート https://bit.ly/2QfRM7G）

■ 主要部品の仕様

次に主要部品について調べていきます。

*

●昇圧コンバータIC「BL8530」（互換品）

昇圧コンバータIC

　表面のマーキングが不鮮明で、読み取ることができませんでしたが、機能とパッケージ（SOT-89-3）、およびピン配置から、「上海贝岭股份有限公司」（SHANGHAI BELLING Co.,ltd. https://www.belling.com.cn/）の「BL8530」の互換品であることが分かりました。

*

「BL8530」の「データシート」は、以下から入手できます。

https://bit.ly/3hn4ihp

主な仕様は以下のとおりです。

入力電圧範囲	0.8～出力電圧
出力電圧	4.9～5.1V（5Vタイプ）
スイッチング周波数	300～400kHz
効率	85%（Typ.）
推奨インダクタ値	10～100μH

「BL8530」のAliexpressでの販売価格は、10個でUS$0.3程度です。

●整流ダイオード「1N5819」

整流ダイオード

「昇圧動作時の逆流阻止」に使われているダイオードは、表面に「1N5819」というマーキングがあります。

「1N5819」は「耐圧40V/出力電流1A」の「整流ダイオード」で、同じ型番の互換品が複数の会社で作られています。

Aliexpressでの販売価格は、50個でUS$0.3程度です。

「データシート」は米「DIODES Incorporated」（https://www.diodes.com/）のものが以下から入手できます。

https://bit.ly/2QhdckM

●パワー・インダクタ「10μH」(4mmx6xx)

パワー・インダクタ

　昇圧用の「パワー・インダクタ」はリード線が下から出ている「ラジアル・リード」タイプで、サイズは「直径4mm×高さ6mm」、インダクタンスは実測で「10μH」です。

　Aliexpressでの販売価格は、10個でUS$0.9程度です。

　「データシート」は「深圳市順翔诺电子有限公司」(Shenzhen Shun Xiang Nuo Electronics Co., Ltd. http://sxndz.com/)のものが、以下から入手できます。

https://bit.ly/3lbNVH0

■ 出力特性の確認

　本機が実際にどれくらいの電流まで出力できるかを測定しました。

＊

　電子負荷には今までと同様に、Aliexpressで2000円で購入したもの(定格10A/60W/1-30V https://bit.ly/33X3f0w)を使い、「アルカリ電池」と「ニッケル水素電池」の両方で測定しました。

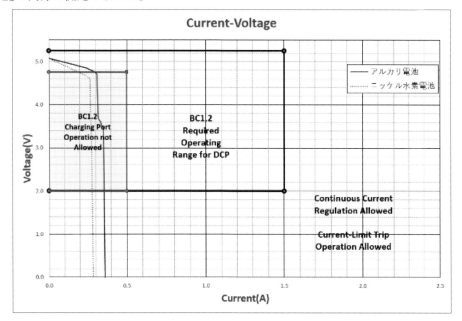

出力電流－電圧特性

　「出力電圧」は、「USB充電規格」(BC1.2)で動作が禁止されている領域(「500mA」までは「4.75V以上」)をアルカリ電池では「約300mA」、ニッケル水素電池では「約200mA」で下回っています。

　抵抗分割比で規定の「Apple Charger(1A)」も満たせていないので、「使用上の注意」の記載どおり、「iPhone」や「スマートフォン」の充電には使用できないと判断してよさそうです。

■ ダイソーの同様商品との比較

すでに販売が終了してしまったのですが、ダイソーでも「単3乾電池2本」を使う「電池式モバイルバッテリ」(以下、「ダイソー版」)が、100円(税別)で2019年はじめまで販売されていました。

当時購入したものが手元にあるので、セリアの商品と比較してみます。

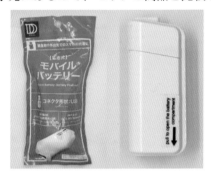

ダイソー版のパッケージと製品の外観

●メイン・ボード

以下はセリアの「メイン・ボード」と並べて比較してみた写真です。

「ダイソー版」の「メイン・ボード」はガラスエポキシ(FR-4)の両面基板です。すべての部品が基板表面に実装されています。

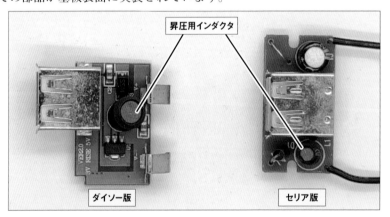

ダイソー版とセリア版の「メイン・ボード」

主な部品の差は昇圧用の「インダクタ」のサイズです(ダイソー版は「6×8mm」と一回り大きい)。

インダクタの価格は、Aliexpressでの販売価格ではどちらも10個でUS$0.9程度と、差はありませんでした。

「昇圧コンバータIC」は「BL8530互換品」、「整流ダイオード」は「1N5819」の面実装タイプと、セリア版と同等品を使っています。

■ 回路構成

　「基板」から「ダイソー版」の「メイン・ボード」の回路図を書き起こしたものが、以下になります。

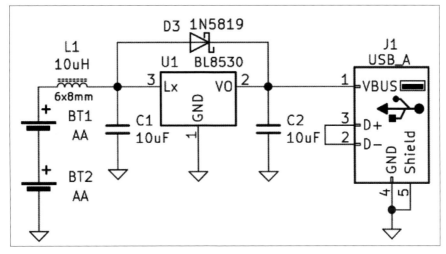

「ダイソー版」の回路図

　回路的には「セリア版」と同じ構成です。
　差としては、USBの「D+/D-端子」が接続されていて、「USB充電規格」（BC1.2）の「Dedicated Charger」（最大供給電流1.5A）となっています。

■ 出力特性

　「ダイソー版」についても「アルカリ電池」と「ニッケル水素電池」の両方で出力特性を測定しました。

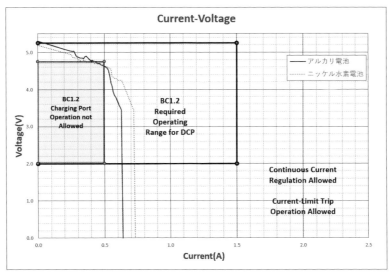

ダイソー版の出力電流－電圧特性

「出力電圧」は「USB充電規格」(BC1.2)で動作が禁止されている領域(「500mA」までは「4.75V以上」)を「アルカリ電池」「ニッケル水素電池」ともにギリギリ引っかかっています。

ただ、「出力電流」は「約500mA」とセリア版の「約300ｍA」に比較して大きく取れており、機種にもよりますが、スマートフォンの充電も何とか可能なレベルです。

販売終了してしまったのが残念です。

＊

「スマートフォン」の充電はできませんが、比較的簡単に手に入る「5Vの昇圧回路」として電子工作に使えます。

> ※余談ですが、セリアの「乾電池USBチャージャー」はネット上では2011年に販売されていたとの情報が見つかりました。
> すでに10年近く販売が続いているというのも驚きです。

発売元の「片山利器(株)」は、本業は刃物や工具の会社ですが100円ショップ向けのスマホ・USB機器も取り扱っていて、ホームページの"Items"を見るとよく見かける商品が多数あります。

もともと「利器」とは「鋭利な刃物」という意味があり、「文明の利器」から来ているそうです。

そういう意味では、100円ショップの商品を扱うのも何となく納得できる気がしました。

第3章
遊びのガジェット

今も昔も変わらず人気な遊びのガジェット、「ラジコン・カー」を分解します。

3-1	ラジコン・カー（本体側）

　ダイソーで無線コントロールの「ラジコン・カー」が、送信機とペアで600円（税別）で販売されていたので、さっそく購入しました。

*

　今回は「ラジコン本体」（車体）を分解します。

■「パッケージ」と「製品の外観」

　「ラジコン・カー」は「おもちゃコーナー」で見つけました。
　本体が外から見える大きめの箱に入っていて、人目を引くパッケージです。

パッケージの外観

　本製品は「ダイソーブランド」となっています。
　「表示」は日本語と英語の2か国語で、パッケージの「側面」には簡単な仕様（特長）と使用上の注意事項、「裏面」には使い方が記載されています。

*

　「本体」は「単三乾電池×3本」、「コントローラ」は「単三乾電池×2本」での動作となっています。

*

　「ラジコン」の「使用周波数」は「27MHz」です。

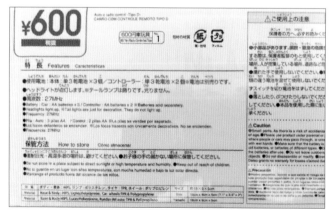

パッケージ側面の表示

■ 本体の分解

●パッケージの内容

パッケージの内容は「本体」と「コントローラ」です。

本体はボディ色のプラスチックの成形品、窓の部分は黒の塗装です。

受信用のアンテナは外に出ておらずスッキリした外観になっています。

本体の外観

コントローラはラジコン用のプロポを意識した外観で「前進・後退」「右折・左折」の2個のスティックがついています。

金属ワイヤの「送信用アンテナ」が上から出ています。

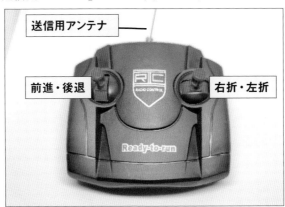

コントローラの外観

●本体の分解

　本体は底面にある6か所のビスを外すことで、ボディをシャーシから分離することができます。

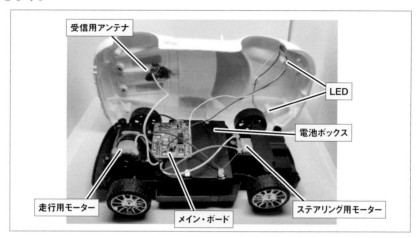

受信用アンテナ

LED

電池ボックス

ステアリング用モーター

走行用モーター

メイン・ボード

開封した本体

　「受信用のアンテナ」はボディに貼りつけた「銅箔テープ」です。

＊

　ボディの「フロントライト」の位置に直接つけられた2個のLEDは、リード線でメイン基板と接続。

　「**メイン・ボード**」はシャーシと一体成型された「電池ボックス」に被せるような形で、ビスで固定されています。

　「モーター」は130タイプの「DCモーター」です。
　「ステアリング」も「DCモーター」で制御しています。

　「モーターの端子」間には、ノイズを吸収するための「セラミック・コンデンサ」(0.1µF)が直接ハンダ付けされています。

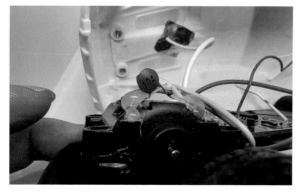

モーターについている「セラミック・コンデンサ」

■「後輪」（駆動部）の構造

「後輪」を駆動しているモーターのカバーを外して構造を確認します。

＊

「駆動部のギア」は2段構成になっており、モーターに付けられた「ピニオン・ギア」から平の「ダブルギア」を経由して車軸に取り付けられた「平ギア」を回すことで、限られたスペースで減速比とトルクを確保しています。

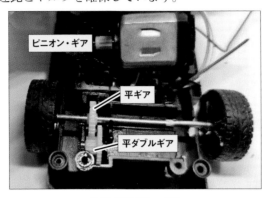

後輪（駆動部）の構造

●前輪（操舵部）の構造

前輪の操舵部についても、モーターのカバーを外して構造を確認します。

操舵部はモーターに付けられた「ピニオン・ギア」と、タイヤとのリンク構造になっている成形品上に形成された、直線の「ラックギア」で構成されています。

「DCモーター」の回転を「ラックギア」で直線運動にすることで、左右のステアリング操作を実現しているのです。

前輪（操舵部）の構造

「ラックギア」を外すと、下には表面の突起を挟み込むようにバネがあり、モーターが停止したら中央に戻すようになっています。

車体の底側を見ると直進補正用のダイヤルがあり、バネの中央位置を調整すること

で直進のズレを補正できます。

バネ

ラックギア表面の突起

直進補正用ダイヤル

バネで直進のズレを補正

■「回路構成」と「主要部品の仕様」

●メイン・ボード

「メイン・ボード」は紙フェノールの片面基板です。

表面には基板の「型番」(JX-4R25)と基板の「製造日」(2019/8/17)、および「無線周波数」である「27MHz」がシルクで表示されています。

表面には「電源スイッチ」と同調用の「トリマ・コイル」(インダクタ)が実装されています。

トリマ・コイル

電源スイッチ

メイン・ボード(表面)

基板裏面(パターン面)に実装されている部品はすべて「面実装」、主な部品は、(a)「コントローラIC」と(b)「NPNトランジスタ」、および(c)「1.1A」の「ポリヒューズ」です。

基板には、各リード線をハンダ付けするための「ランド」(丸穴付き)が設けられています。

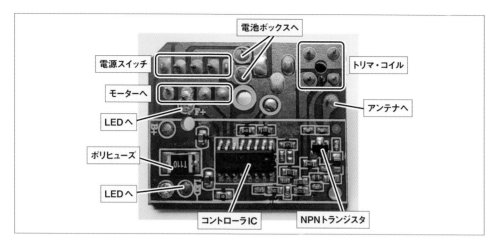

「メイン・ボード」(裏面)

●回路構成

「基板パターン」から「メイン・ボード」の回路図を書き起こしたものが、次の図です。

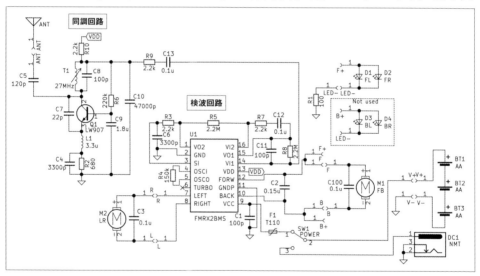

メイン・ボード回路図

「乾電池」(「単3乾電池電池×3本」の直列接続=約4.5V)の出力が、保護用の「ポリヒューズ」(F1)経由で「コントローラIC」(U1)の「VCC」に入力されます。

*

コントローラ内蔵の「LDO」(Low-dropout regulator)は、同調回路用の電源「VDD」(2.6V)を生成します。

*

「アンテナ」で受信した信号から同調回路で「搬送波」(27MHz)を取り出し、「コントローラIC」に内蔵のアンプで構成された「検波回路」で「搬送波」をフィルタして、「コントローラIC」の「SI」(コード信号入力)に入力します。

　「SI」へ入力された信号は、デコードされて、結果に応じて各「モータードライバ」の
出力が制御されます。

＊

　「ヘッドライト」用の「LED」の「アノード」は、「コントローラIC」の「モーター出力端
子」(FORW)に接続されているので、「前進動作」に合わせて点灯します。

　パターン上は「DCジャック」があるのですが、部品は実装されておらず、未使用
(NMT)となっています。

■ 主要部品の仕様

　次に本製品の「主要部品」について調べていきます。

● コントローラIC「FMRX2BMS」

コントローラIC

　「コントローラIC」は「深圳市富満电子有限公司」(Shenzhen Fuman Electromics
Co.,Ltd, http://www.superchip.cn/)のラジコン向け多機能モータードライブIC
「FMRX2BMS」です。
　部品通販サイトの「Shenzhen LCSC Electronics Technology Co.,Ltd.」での価格は
US$0.15です。

　「データシート」も「LCSC」のサイトから入手できます。

https://bit.ly/31emTXD

　「FMRX2BMS」の電源電圧(VCC)範囲は2.5V〜7.5V、同調回路用の「LDO」(2.6V)
と「ラジコン・コード」の「デコード回路」、およびモータードライブ用の「Hブリッジ回
路を内蔵しています。

　ラジコン操作は27MHzの「搬送波」に乗せた周期の異なる2種類のパルスによる「シ
リアル・コード」で行ないます。

「シリアル・コード」は「エンドコード」と「ファンクション・コード」で構成されます。

「エンドコード」は4個の「W2パルス」（500Hz、Duty比1:3）、「ファンクション・コード」は機能に応じたn個の「W1パルス」（1KHz、Duty比1:1）です。

各機能と「ファンクション・コード」の対応および実測波形を次に示します。

ファンクション・コード一覧

機　能	ファンクション・コード(n)	デコード結果
	4(W2)	エンドコード
前進	10(W1)	前進
前進＋加速	16(W1)	前進＋加速
加速	22(WI)	加速
加速＋前進＋左	28(W1)	前進＋左折
加速＋前進＋右	34(W1)	前進＋右折
後退	40(W1)	後退
後退＋右	46(WI)	後退＋右
後退＋左	52(W1)	後退＋左
左	58(W1)	左
右	64(W1)	右

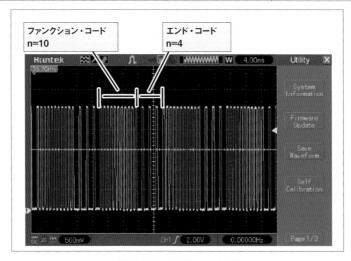

「SI入力」の実測波形（前進）

● ポリヒューズ 1812サイズ 1.1A

ポリヒューズ

乾電池と直列に入っている面実装部品は、過電流保護用の「自己回復型ポリヒュー

ズ」(Resettable PTC, Polymer Temperature Coefficient) です。

　本機では「ホールド電流 (トリップしない最大電流) 1.1A」のものを使っています。

　「データシート」は、「Littlefuse Inc.」(https://www.littelfuse.com/) の、「LoRho」の
ものが、以下から入手できます。

https://bit.ly/3exJDWA

　このタイプの「ポリヒューズ」は、複数の会社で作られており、Aliexpress では 50 個
US$2.0 程度で販売されています。

https://bit.ly/3dw4wjl

　「自己回復型ポリヒューズ」は、「過電流」が流れると「発熱による膨張」で内部のカー
ボン粒子が分離、導電経路が切断されて、内部抵抗が増加し、「電流を制限」します。

　この状態を「トリップ」と言い、「トリップ」することが保証された「最小電流」が「ト
リップ電流」です。

＊

　「電流による発熱」が"トリップ状態を保持する温度を下回れば元の状態に回復する"
という特性をもっており、「バッテリ機器」や「USB ポート」の過電流保護などによく使
われています。

●NPN トランジスタ「TMBT3904」

NPN トランジスタ

　同調回路に使っている、「LW907」とマーキングのあるトランジスタは、「東芝」
(https://toshiba.semicon-storage.com/) の汎用トランジスタ「TMBT3904」(もしくは互
換品) です。

　「LCSC」での価格は、50 個で US$0.43 です。

　「データシート」も「LCSC」のサイトから入手できます。

https://bit.ly/3eAmh2o

＊

　構造も含めて「予想以上によく出来ている」という印象です。

アンテナは「銅箔テープ」にリード線をつけたものであったり、LEDの「ON/OFF」をモーターの「ドライブ端子」と共用していたりと、コストを安くする工夫も参考になります。

3-2　ラジコン・カー(コントローラ側)

前回に引き続きダイソーで600円(税別)で販売されている無線コントロールの「ラジコン・カー」を分解します。

＊

今回は「送信機」(コントローラ)を分解します。

■「パッケージ」と「製品の外観」

ダイソーの「ラジコン・カー」は、「本体」(車体)と「送信機」(コントローラ)が一組になって販売されています。

「本体」の大きさに比べると、「送信機」は大きめで、操作しやすいサイズです。

本体と送信機

パッケージの特長表示では、「送信機」は「単三乾電池×2本」で動作し、使用周波数は「27MHz」となっています。

特長 Features Caracteristicas

●使用電池:本体:単3乾電池×3個／コントローラー:単3乾電池×2個※電池は別売りです。
●ヘッドライトが点灯します。※テールランプは飾りです。光りません。
●周波数:27MHz
●Battery : Car : AA batteries x 3 / Controller : AA batteries x 2 ※Batteries sold separately.
●Headlights light up. ※Tail lights are just for decoration. They do not light up.
●Frequency: 27MHz
●Pila : Auto : 3 pilas AA / Control : 2 pilas AA ※La pilas se venden por separado.
●Los focos delanteros se encienden. ※Los focos traseros son únicamente decorativos. No se enciende.
●Frecuencia: 27MHz

パッケージの特長表示

■ 送信機の分解

●送信機の分解

送信機の背面の「電池ボックス」は、はめ込み式の「蓋」がネジで固定されています。
送信機は背面のコーナー付近の4か所のネジを外すことで開封できます。

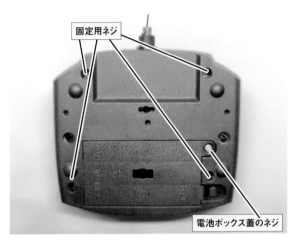

送信機の背面

＊

「受信用のアンテナ」はプリント基板裏面のパターンに接触するように基板固定用の
ネジで一緒に固定（共締め）しています。

各スティックの操作は「プッシュスイッチ」の「ON/OFF」のみで、スティックの移動
量の検出などは行なわない、シンプルな構成です。

開封した送信機

■「回路構成」と「主要部品の仕様」

●メイン・ボード

「メイン・ボード」は紙フェノールの片面基板です。

「表面」には基板の「型番」（**JX-4T25**）と、基板の「製造日」（**2019/8/17**）が表示されています。

＊

「無線周波数」を決める「水晶振動子」は27.145MHz、基板のシルクの「27MHz」のところがマークされています。

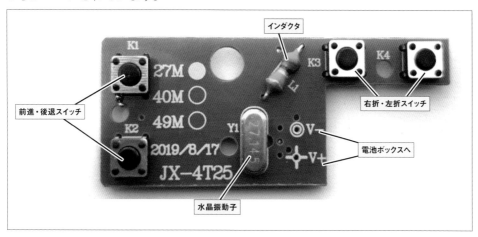

メイン・ボード（表面）

「基板裏面」（パターン面）に実装されている部品は、すべて「面実装」です。

「半導体部品」は、「コントローラIC」と2個の「NPNトランジスタ」です。

「送信用のアンテナの接触部」はパターン上にハンダが盛られています。
「基板」には「電池ボックス」への「リード線」をハンダ付けするための「ランド」（丸穴付き）が設けられています。

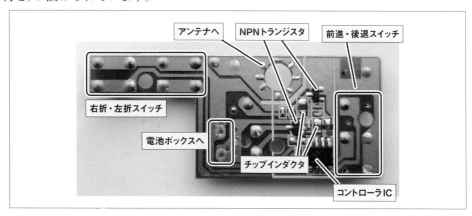

メイン・ボード（裏面）

●回路構成

　「基板パターン」から「メイン・ボード」の回路図を書き起こしたものが次の図になります。

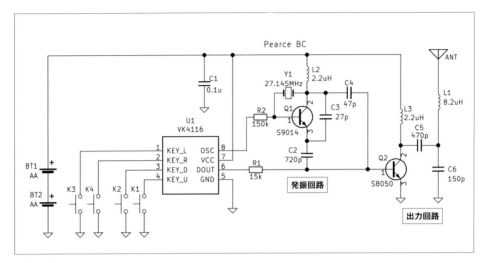

メイン・ボード回路図

　「乾電池」(「単3乾電池電池×2本」の直列接続＝約3.0V)の出力が(a)「コントローラIC」、(b)「発信回路」、(c)「出力回路」の電源として直接使われています。

＊

　4個の「操作ボタン」は、それぞれが直接「コントローラIC」(U1)の入力ピン(1〜4番ピン)に接続されていて、ボタンを押されたことは、入力レベルが「L」(GND)になることで検出します。

＊

　ラジコン用の「搬送波」(無線周波数の信号)は、「発振回路」の27.145MHzの「水晶振動子」(Y1)と「NPNトランジスタ」(Q1)を組み合わせた「PEARCE BC回路」で生成し、後段の「出力回路」で増幅して「アンテナ」(ANT)から送信しています。

　「水晶振動子」を使用することで、電池の電圧にかかわらず、安定した周波数の発振ができます。

＊

　「発振回路」および「出力回路」は、複数の「インダクタ」(コイル)と「キャパシタ」(コンデンサ)の定数を組み合わせることで、「送信周波数」に回路動作の特性を合わせこんでいます。

＊

　「コントローラIC」(U1)の8番ピン(OSC端子)は、「トランジスタ」(Q1)のベースに接続され、「搬送波」の発振の「ON/OFF」を制御しています。

　このピンはスティックを操作する(スイッチが押される)と「H」になり、発振を開始します。

　操作していないときは「Lレベル」で発振を停止することで、電池の寿命を稼いでいます。

　「コントローラIC」の6番ピン（DOUT端子）は出力トランジスタQ2のベースに接続され、操作コマンドにあわせて出力を「ON/OFF」することで、コマンドを「搬送波」に乗せて送信します。

　リモコンの「送受信システム」としては、「送信側」の「周波数」を「水晶振動子」で安定させて「受信側」の「同調回路」の「トリマ・コイル」で微調整する構成です。

■ 主要部品の仕様

　次に本製品の「主要部品」について調べていきます。

● コントローラIC「VK4116」

コントローラIC

　表面のマーキングにある「VK」というロゴと「4119」という数字を手掛かりに検索をしたのですが、特定することはできませんでした。
　よって、回路図の各端子の機能は、現物の基板パターンで確認しました。

＊

　「コントローラ」自体は周辺部品を必要とせず、電源と操作スイッチを接続するだけで必要な制御信号を生成しているので、「ラジコンに特化した専用IC」であると思われます。

● NPNトランジスタ(Q1)「S9014」

S9014

　「発振回路」に使われているトランジスタは、表面のマーキング「J6」から「S9014」という型番の「汎用NPNトランジスタ」と分かりました。

　「直流電流増幅率」(hFE)が200〜1000と比較的大きいので、「PEARCE BC回路」の発振用に使われているようです。
　同じ型番の互換品が複数の会社で作られていて、Aliexpressでは100個US$0.5程度で販売されています。

　データシートは「江苏长电科技股份有限公司」(JIANGSU CHANGJIANG ELECTRONICS TECHNOLOGY CO.,LTD, https://www.jcetglobal.com/) のものが、以下のURLから入手できます。

https://bit.ly/3h3dTtg

● NPNトランジスタ(Q2)「S8050」

S8050

　「出力回路」に使われているトランジスタは、表面のマーキング「J3Y」から「S8050」という「汎用NPNトランジスタ」であることが分かりました。

「S8050」は他の製品でもよく見かけるトランジスタで、これも同じ型番が複数の会社で作られています。

Aliexpressでは100個US$0.6程度で販売されています。

「データシート」は「江苏长电科技股份有限公司」(JIANGSU CHANGJIANG ELECTRONICS TECHNOLOGY CO.,LTD, https://www.jcetglobal.com/) のものが、以下から入手できます。

https://bit.ly/2QPstd3

■ 動作波形確認

コントローラの仕様が分からなかったこともあり、実機で波形を測定して回路の動作を確認しました。

*

「前進スイッチ」(K1)を押したときの「コントローラIC」(U1)の「8番ピン」(OSC)と「6番ピン」(DOUT)の出力波形です。

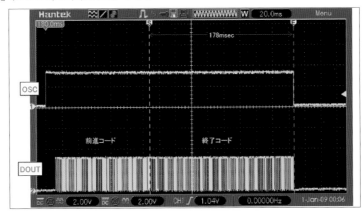

コントローラの出力波形

スイッチが押されると「OSC端子」は「H」になり、「発振回路」が搬送波の発振を開始。「DOUT端子」からは「ラジコン・コード」に合わせた「シリアル・コード」が出力されます。

「シリアル・コード」は「**前進コード**」「**終了コード**」の2種類が出力されており、スイッチが押されている間は入力に応じたコード(上の波形では「前進コード」)が、スイッチが離されると固定の「終了コード」を一定期間(実測で178ms)出力して送信を停止しています。

出力される「シリアル・コード」は受信側のデコードIC「**FMRX2BMS**」のデータシートに記載された「ファンクション・コード」に従っています。

*

「前進コード」部分の波形を拡大してみると、「前進」のコード(**前節**の「ファンクション・コード一覧」を参照)が送られていることが確認できます。

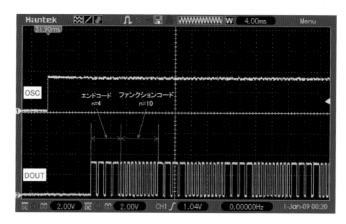

コントローラの出力波形（拡大）

　このときのアンテナ波形を測定すると、コントローラの「シリアル・コード」によって「ON/OFF」された「搬送波」（27.145MHz）が出力されていることが確認できます。

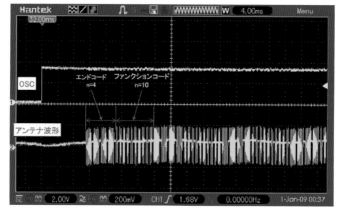

アンテナの出力波形（拡大）

＊

　「本体」（受信器）に続いて、今回は「ラジコン送信機」を分解しました。

　送受信ともに無線部分は「ディスクリート部品」を組み合わせた「アナログ回路」となっていてます。

　また、「操作コマンド」を処理する「コントローラIC」は「ラジコン周波数」の影響がない構成となっています。

＊

　いわゆる「枯れた商品」である「ラジコン」ですが、分解してみることでアナログ回路とデジタル回路の絶妙な組み合わせで出来ていることが分かりました。

　「アナログ回路」部分の部品定数を変更するだけで、任意の「ラジコン周波数」に変更できるという、よく考えられた「回路の棲み分け」だという感想です。

第**4**章
PC周りのガジェット

「USB光学式マウス」などPC周りで活躍する
ガジェットを分解します。

4-1 USB光学式マウス

　今回は100円ショップ「キャンドゥ」で以前から気になっていた、100円(税別)で販売されている「USB光学式マウス」を分解します。

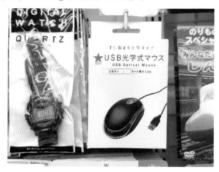

パッケージの外観

■「パッケージ」と「製品の外観」

●パッケージの表示

　「USB光学式マウス」は「キャンドゥ」で数年前から販売されているロングセラーの商品、品番は「K-4306」となっています。

　主な仕様は、「インターフェイス」が「USB2.0」、ホイール付き3ボタンで、分解能は「800dpi」固定、「光学センサ用LED」は「赤色」(波長情報は記載なし)です。

製品パッケージの仕様表示

●「同梱物」と「本体の外観」

　パッケージの内容は「本体」のみです。
　「黒」と「透明」の「ABS樹脂」の組み合わせで構成されています。

　黒の部分の表面は「シボ加工」されていて、価格の割には安っぽさをあまり感じない外観となっています。

本体の外観

■ 本体の分解

●本体の開封

　本体は底面に貼ってある丸いシールの下のビスを1か所外すだけで簡単に開封できます。

　内部は「メイン・ボード」「ホイール」、LED導光用の「透明樹脂」で構成されています。

　「USBケーブル」は「メイン・ボード」に直接ハンダ付けされています。

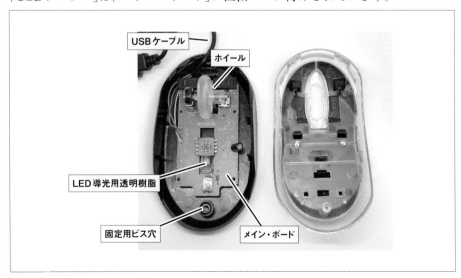

本体を開封した状態

■「回路構成」と「主要部品の仕様」

●メイン・ボード

「メイン・ボード」は紙フェノールの片面基板です。

　実装されている部品はすべて「リード・タイプ」で、主要部品は「光学マウスセンサ」とLEDと、「マウスボタン用の3個のスイッチ」(L/M/R)と、ホイール用の「ロータリー・エンコーダ」です。

＊

　「光学マウスセンサ」の「下の基板」には「穴」が開いていて、「パッケージ裏面」の「イメージ・センサ」でマウスの移動を検出するようになっています。

　「表面」には、「基板」の「型番」(JC-1100)と「製造日」(2012.02.03)と思われるシルク表示があります。

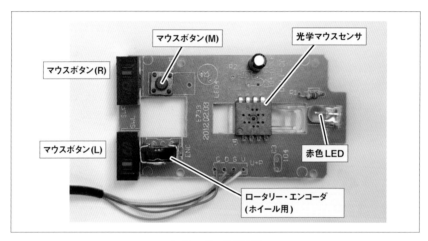

メイン・ボード(表面)

「裏面」にはマウスの移動検出のための「イメージ・センサ開口部」が見えています。

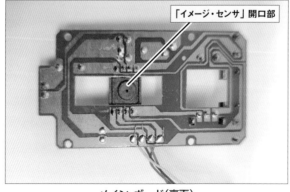

メイン・ボード(裏面)

●回路構成

基板パターンから「メイン・ボード」の回路図を作りました。

「NM」は、「パターンはあるが実装されていない部品」です。

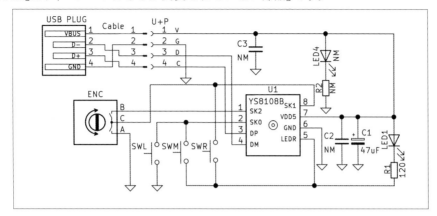

メインボード回路図

*

マウスとしての機能は「光学マウスセンサ」(U1)がワンチップで実現しています。

8ピンという限られたピンをうまく使って、「SK0〜3」、および「LEDR」の組み合わせで各ボタンの「押し下げ」や「ホイールの回転」を検出しています。

「USBデバイス」の機能も内蔵していて、ケーブルもセンサに直接接続すればマウスとして認識されます。

■ 主要部品の仕様

本製品の主要部品である「光学マウスセンサ」について調べていきます。

●光学マウスセンサ「YS8108」

光学マウスセンサ

*

「光学マウスセンサ」のマーキングからは素性が分からなかったので、接続機器の

USB情報を表示する「**USBView**」(https://bit.ly/3kT4170) を使って確認した結果が、以下です。

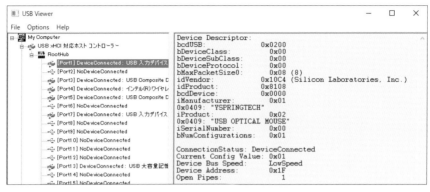

「USBView」の確認結果

「iManufacturer」の「YSPRINGTECH」と「idProduct」の「0x8108」から検索した結果、中国の「深圳市汇春科技股份有限公司」(Shenzhen Yspring Technology Co.,Ltd., http://www.yspringtech.com/) 製のUSBインターフェイス用光学マウスセンサ、「YS8108」であることが分かりました。

*

データシートは、メーカーのサイトから入手できます。

https://bit.ly/2UQVS8w

なお、Alibabaその他のサイトを探したのですが、「YS8108」の価格情報を見つけることはできませんでした。

*

「YS8108」のブロック図は、次の図になります。

「USBインターフェイス」や「電源制御機能」も内蔵されており、1チップでUSBマウスが実現できる構成となっています。

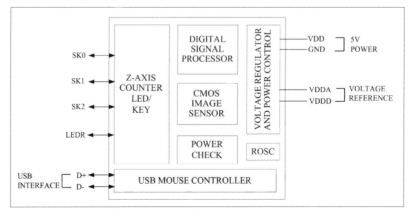

ブロック図(「YS8108」データシートより)

「データシート」から主な仕様を抜粋しました。

　本製品のトラッキング解像度は「800dpi」固定となっていますが、センサの仕様上は「500/800/1000/1500dpi」を切り替えられるようになっています。

主な仕様（YS8108データシートより）

工作电压	4.5V-5.5V
光学透镜	1:1
系统时钟	24MHz
速　度	30inch/sec
加速度	8g
分辨率	500/800/1000/1500
帧频比率	3000 帧/秒
典型工作电流	4.5mA 鼠标移动状态（正常） 2.8mA 鼠标没有移动（睡眠） 450uA USB 挂起
封　装	Staggered DIP8 双列直插

　データシートには「DPI切り替えボタン」を追加した、「4キー版」の「参考回路図」も掲載されています。

　「SK2-LEDR」間のボタンによって、「DPI切り替え機能」が追加されています。

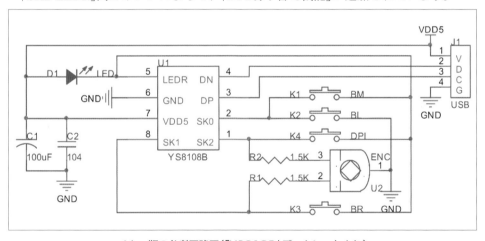

4キー版の参考回路図（「YS8108」データシートより）

　USBデバイスのディスクリプタ（識別子）もデータシートに記載があり、USBView で確認した結果と一致しています。

　「idVender」の「0x10C4」は「Silicon Laboratories Inc.」（https://www.silabs.com/）なので、USBブロックは設計デザイン（IP）を購入して使っているものと思われます。

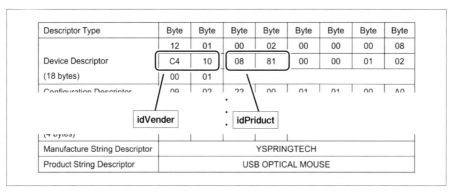

Descriptor Type	Byte	Byte	Byte	Byte	Byte	Byte	Byte	Byte
	12	01	00	02	00	00	00	08
Device Descriptor	C4	10	08	81	00	00	01	02
(18 bytes)	00	01						
Configuration Descriptor	09	02	22	00	01	01	00	A0
(4 bytes)								
Manufacture String Descriptor	YSPRINGTECH							
Product String Descriptor	USB OPTICAL MOUSE							

idVender

idPriduct

USBディスクリプタ（「YS8108」データシートより）

■「イメージ・センサ」を観察してみる

●センサを開封する

　光学マウスセンサの裏面の「イメージ・センサ」部分のカバーは、カッターなどを差し込んで簡単に外すことができます。

　カバーを外すと、内部の「イメージ・センサ」のチップが見えるので、これを観察してみます。

「イメージ・センサ」のカバーを外す

　今回は小型でPCやスマートフォンに接続できるUSB接続の顕微鏡（amazonで2000円で購入）を使います。

　仕様上の倍率は「40〜1000×」、観察位置の固定に工夫が必要ですが、高い倍率でチップを確認することができます。

使用したUSB顕微鏡(https://amzn.to/3pQHc7A)

●「ワイヤボンディング」の確認

　チップ自体はパッケージのピンに接続するための基板(インターポーザー)に実装されていて、「基板の電極」と「チップの電極」(PAD)は細いワイヤで接続(**ワイヤボンディング**)されています。

＊

　接続しているワイヤが観察できる程度まで拡大してパッケージの各端子とチップの接続を確認したものが次の図になります。

　チップの各電極にワイヤがつながっているのが分かります。
　特に「電源」(VDD5)と「GND」は複数のワイヤで接続されています。

ワイヤボンディング

●**チップの観察**

　さらに倍率を上げて、チップ部分を拡大してみました。

　チップサイズは実測で「1.2mm×1.0mm」、ワイヤ接続部や「イメージ・センサ」の
画素を見ることができます。

チップの拡大

　チップ左側で正方形に並んでいるのが「イメージ・センサ」です。
　画素数は「縦16×横16＝256画素」、画素ピッチは写真からの換算で「約33μm」で
す。

　上部の「DP」と「DM」に挟まれた部分が、ブロック図の「USB Mouse Contoller」、「イ
メージ・センサ」の下辺と「VDD5-GND」のPADに挟まれた部分が「Voltage Regurator
and Power Control」、チップ右側の部分が「Digital Signal Processor」を含むその他の
「ロジック回路」だと推定できます。

*

　100円（税別）で買えるマウスということで、以前から興味をもっていたのですが、実
際に分解してみると、「YS8108」ワンチップで「USBマウス」としてのすべての機能を
実装していて、あとはデータシートの参考回路図に従ってLEDと各スイッチを接続す
ればマウスが出来上がるという、非常にシンプルな構造でした。

　これをベースにUSBマウスを自作しても面白いと感じました。

4-2 ゲーミング・マウス

引き続き「USBマウス」です。

今回は、ダイソーで「500円」（税別）で販売されている「ゲーミング・マウス」を分解します。

パッケージの外観

■「パッケージ」と「製品の外観」

●パッケージの表示

「ゲーミング・マウス」はダイソーの「500円パソコンシリーズ No.5」として販売されています。

*

インターフェイスは「USB」、通常のマウスの「ホイール付き3ボタン」（+3個）に加えて、「カウント（DPI）切り替え」（+1個）と、「進む/戻る」（+2個）の計6個のボタンがあります。

「分解能」は「800/1200/1600/2400dpi」が切り替え可能、「光学センサ用LED」は「赤色」（波長情報は記載なし）です。

```
対応機種：USB端子搭載のWindowsパソコン、
Mac（機種により対応していない場合もあります。）
インターフェイス：USB
カウント（分解能）数値：最大2400dpi
センサー方式：光学式
ボタン：左右クリックボタン、スクロールホイール、
進むボタン／戻るボタン、DPI切り替えボタン
本体重量：約96g
接続：有線
ケーブル：約140cm
動作温度・湿度：0～45℃・85%以下
保存温度・湿度：-15～60℃・85%以下
```

製品パッケージの仕様表示

●「同梱物」と「本体」の外観

　パッケージの内容は「本体」のみです。

　「黒」と「半透明」の「ABS樹脂」の組み合わせで構成されています。

　「半透明」の部分からは、内部の「LED」の発光が外部に見えるようになっていて、角ばった外装と組み合わさって、いかにも「ゲーミング・マウス」という外観です。

本体の外観

■ 本体の分解

●「本体」の開封

　「本体」は底面のソールを剥がして、下の「ビス」を1か所外せば開封できます。

＊

　内部は、「メイン・ボード」「ホイール」「センサLED導光用の透明樹脂」で構成されています。

　「USBケーブル」は「メイン・ボード」に直接ハンダ付けされています。

　「ゲーミング・マウス」ということで、「重量調整用の金属プレート」が底面に「ビス」で固定されています。

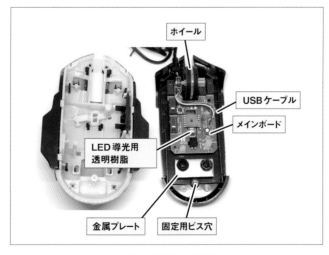

本体を開封した状態

■「回路構成」と「主要部品」の仕様

●メイン・ボード

「メイン・ボード」は「紙フェノール」の片面基板です。

　実装されている部品はすべて「リード・タイプ」で、主要部品は「光学マウスセンサ」と「センサLED」、「マウスボタン用の6個のスイッチ」とホイール用の「ロータリーエンコーダ」です。

　本体を光らせるための「イルミネーションLED」も3個あります。

＊

「光学マウスセンサ」の下の基板には穴が開いていて、パッケージ裏面の「イメージ・センサ」で、マウスの移動を検出するようになっています。

　表面には基板の型番「XCX-23-A611/A603x」と製造日「2016.09.14」と思われるシルク表示があります。

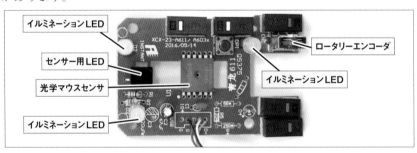

メイン・ボード(表面)

「裏面」にはマウスの移動検出のための「イメージ・センサ開口部」が見えています。

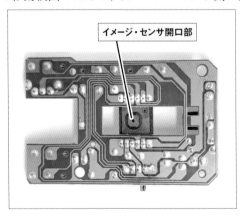

メイン・ボード(裏面)

●回路構成

「基板パターン」から「メイン・ボード」の回路図を作りました。

＊

「NM」は、パターンはあるものの、実装されていない部品です。

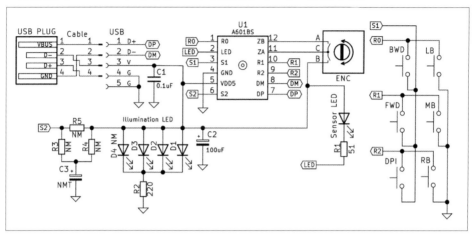

メイン・ボード回路図

　キャンドゥのマウスと同様に、マウスとしての機能は「光学マウスセンサ」(U1)がワンチップで実現しています。

　「光学マウスセンサ」のピン数は「12ピン」(キャンドゥは8ピン)、使われている6個のボタンは「S1」と「R0～R2」の4ピンの「マトリックス構成」で検出。

　「ホイール」の回転検出は独立したピン(ZA,ZB)です。

　「USBケーブル」は「センサ」に直接接続されています。

　「イルミネーションLED」(D1～D3)は、マイコン内蔵の「フルカラーLED」で、マウスの動作とは関係なく「内部パターン」で色を変えています。

■ 主要部品の仕様

本製品の主要部品である「光学マウスセンサ」について調べていきます。

●光学マウスセンサ「A601BS」

光学マウスセンサ

「光学マウスセンサ」は表面のマーキングから中国の「无锡英斯特微电子有限公司」（Instant Microelectronics Inc., http://www.instant-sys.com/）のUSBインターフェイス用Optical mouse sensor「A601BS」であることが分かりました。

＊

「データシート」はメーカーのサイトから入手できます。

https://bit.ly/3mAVTc6

＊

「A601BS」は中国のECサイトである「淘宝网」（https://world.taobao.com/）で、RMB 2.00（日本円で約32円）で販売されています。

＊

次の図は「A601BS」のブロック図です。

「USBマウス」としてのすべての機能が「1チップ」で実現できる構成となっています。

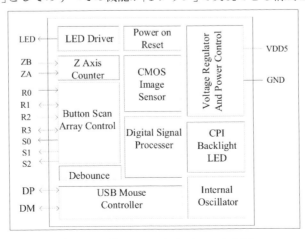

ブロック図（「A601BS」データシートより）

　ボタンは「3×3」の「マトリックス構成で最大9個まで実装可能です(本製品では6個を使用)。

　「データシート」には「9ボタン版」の「参考回路図」が掲載されています。

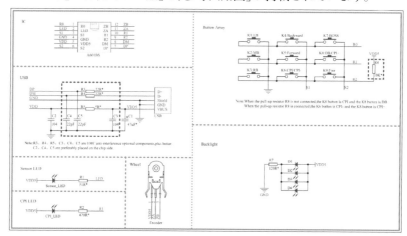

「9ボタン版」の「参考回路図」(A601BSデータシートより)

　本製品に実装されていない3個のボタン(K7〜K9)は、「Multifunction Key」で、いずれも特殊機能用です。

　「R2」ピンを「Pull Up」することで、「K6」「K8」のキーの機能の切り替えができます。

Multifunction Key(A601BSデータシートより)

Key Name	Function Description
BOSS	Used to switch the current application screen and desktop
DOUBLE	Pressing this button is equivalent to complete the double click operation
FIRE	Pressing this button is equivalent to continuing to click the left button

●「USB接続情報」の確認

　今回も「USBView」(https://bit.ly/3kT4170)を使って「USB接続情報」を確認しました。

「USBView」の確認結果

「USBバージョン」(bcd USB) は「1.1」、「接続速度」(Device Bus Speed) は
「LowSpeed」(1.5Mbps) です。

「List of USB ID's」(http://www.linux-usb.org/usb.id) によると、「idVendor」
(0x18F8) は「Maxxter」(https://www.maxxter.biz/)、「idProduct」(0x0F97) は
「Optical Gaming Mouse [Xtrem]」となっており、「OEM」(相手先ブランド名製造) を
受けていると推定されます。

■「イメージ・センサ」を観察してみる

●センサを開封する

「光学マウスセンサ」裏面の「イメージ・センサ」部分のカバーを外して、内部の「イ
メージ・センサ」のチップを観察してみます。

「イメージ・センサ」のカバーを外す

「顕微鏡」は前回と同様に、以下のUSB接続のものを使いました。

https://amzn.to/3pQHc7A

●「ワイヤボンディング」の確認

センサのチップはパッケージのピンに接続するための「基板」(インターポーザー) に
実装され、「基板の電極」と「チップの電極」(PAD) は細いワイヤで接続 (ワイヤ・ボン
ディング) されています。

*

接続しているワイヤが観察できる程度まで拡大
して、パッケージの各端子とチップの接続を確認
したものが、次の図です。

チップの各電極にワイヤがつながっているのが
分かります。
「GND」の接続は2本です。

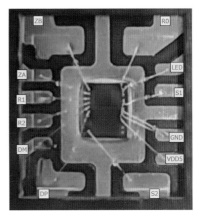

ワイヤボンディング

●チップの観察

倍率を上げて、チップ部分を拡大したものが以下になります。

＊

「チップ・サイズ」は、実測で「2.0mm×1.4mm」です。

チップの拡大

チップ上側で正方形に並んでいるのが「イメージ・センサ」です。

画素数は「縦18×横18＝324画素」、画素ピッチは写真からの実測で「37.6μm」です（キャンドゥのマウスは256画素、33μmピッチ）。

ピン配置から判断すると、左下の「DP」と「S2」に挟まれた部分がブロック図の「USB Mouse Contoller」、「イメージ・センサ」のすぐ下、「VDD5」の高さあたりが「Voltage Regurator and Power Control」で、その下が「Digital Signal Processor」を含む、その他の「ロジック回路」だと推定されます。

＊

500円（税別）のマウスということで、キャンドゥの100円（税別）マウスと比較しながら分解してみたのですが、「光学マウスセンサ」は「画素数」および「機能・性能」ともにワンランク上のものが使われていました。

外装の構造もシンプルなので、「ゲーミング・マウス」として、好みの重量となるように「金属プレート」を調整したり、「Multifunction Key」を追加したりして使うのも面白いと思います。

第**5**章

オーディオのガジェット

「Bluetoothイヤホン」など、オーディオ関係
で使われるガジェットを分解します。

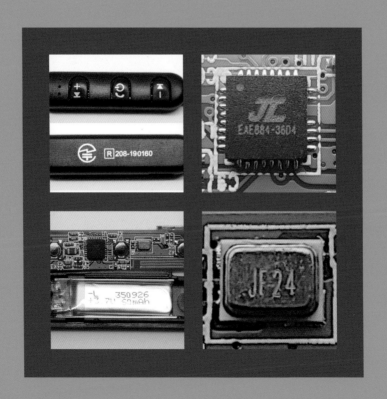

5-1　**Bluetooth イヤホン**

　ダイソーからアルミボディで両耳タイプの「Bluetooth イヤホン」が、500円（税別）という価格で登場しました。

　今回はこちらを分解します。

■「パッケージ」と「製品の外観」

　「Bluetooth イヤホン」は、有線の「ヘッドホン」や「マウス」と同じスマートフォンの周辺機器コーナーで販売されています。

スマートフォンの周辺機器コーナーで販売

　パッケージ表示では通信仕様は「Bluetooth 5.0 対応」、内蔵の電池容量は「50mAh」で「連続使用時間2-3時間」となっています。

　パッケージ裏面上部には「技適マーク」が表示されています。

通信仕様 / Wireless specification	Bluetooth 5.0 対応
通信距離 / RF range	10m
電池容量 / Battery capacity	50mA
待機時間 / Stand-by time	175時間 / 175 hours
連続使用時間 / Calculating conversation time	2-3時間 / 2-3 hours
充電時間 / Charging time	1-2時間 / 1-2 hours

製品パッケージの表示

■ 本体の分解

●同梱物

　パッケージの内容は、「本体」「USBケーブル（充電専用）」「取扱い説明書（日本語＋英語）」で構成されています。

　本体のイヤホン部はアルミボディで、左右をマグネットで固定できます。

　イヤホンのケーブルとの接続部には、「L/R表示」があります。

本体のイヤホン部

　本体の「コントローラ部」には3個の「操作ボタン」と「LED・充電用」の「マイクロUSBポート」が配置されていて、背面には「技適マーク」の表示があります。

　各操作ボタンには、状態によって、複数の機能が割り当てられています。

本体のコントローラ部

「操作ボタン」の機能例

●本体の「コントローラ部」の分解

　「コントローラ部」のケースは「ツメ」によって固定されているだけなので、「精密ドライバ」を隙間に差し込んで「こじる」ことで簡単に開けることができます。

　内部は、「メイン基板」と「LiPoバッテリ」で構成されています。
　「イヤホン」と「LiPoバッテリ」は「メイン基板」にリード線で直接ハンダ付けされています。

コントローラ部を開封した状態

■「回路構成」と「主要部品の仕様」

●LiPoバッテリ

　「LiPoバッテリ」は「401120サイズ」(4×11×20mm)で「3.7V 50mAh」の表示があります。

　LiPo本体に保護回路を内蔵しています。

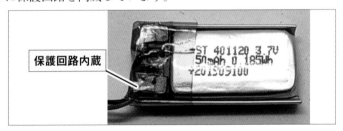

保護回路内蔵

LiPoバッテリ

　ちなみに、同等品はAliexpress(中国の通販サイト)では、US$1.5〜2.5で販売されています(2020年2月時点)。

https://bit.ly/2Vf7uDq

●メイン・ボード

「メイン・ボード」は「ガラス・エポキシ」(FR-4)の両面基板です。

　表面に実装されているのは「メイン・プロセッサ」とその周辺部品(水晶発振子、セラミック・コンデンサ、BTアンテナ用のインダクタ)、「プッシュ・スイッチ」「コンデンサ・マイク」「状態表示用」の「LED」(RED/BLUE)となっています。

　Bluetoothのアンテナは、基板パターンで構成されています。

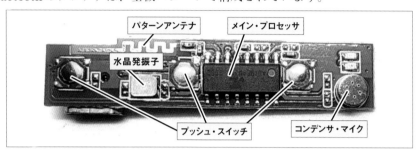

メイン・ボード(表面)

　「裏面」に実装されているのは、充電用の「マイクロUSBコネクタ」のみで、イヤホンとLiPoバッテリを接続するための「ランド」と、テスト用と思われる「ランド」があります。

　基板の「型番」(XL-001-AC6939B-V1.0)と「製造日」(20190329)の表示もあります。

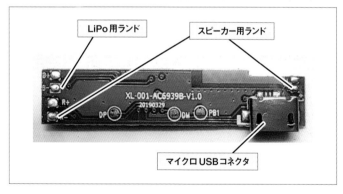

メイン・ボード(裏面)

●回路構成

　基板パターンから「メイン・ボード」の回路図を書き起こしたものが、次の図になります。

　「NM」は、「パターンはあるが実装されていない」部品です。

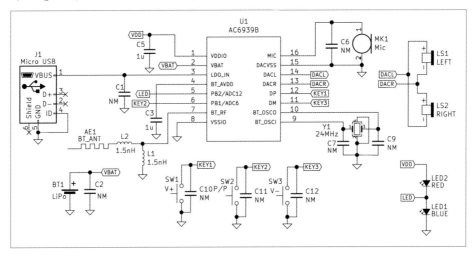

メイン・ボード回路図

＊

　まず、回路図を起こしながら何度も確認したのですが、本製品のオーディオ出力は「モノラル」となっています。

　回路からは同一出力（DACL/DACR）を左右のイヤホンに「逆相」で接続して疑似的なサラウンド効果を出そうとしているようにも推測できるのですが、実際にペアリングをして音を聞いたところ、まったく効果がありませんでした。

＊

　気を取り直して引き続き回路を確認していきます。

　「キー入力」（3個）はそれぞれ独立した「入力端子」に接続。

　「電源」や「Bluetooth」のLink状態を示す「RED/BLUE」のLEDは、1個のポートで「排他制御」しています。

＊

　「Bluetooth用のアンテナパターン」はジグザクの「ミアンダ」形状となっています。

　「メイン・プロセッサ」にはUSBの「電源」（VBUS）と「LiPoバッテリ」が直接接続されており、LiPoの「充放電制御」を行なっているのもここです。

＊

　「マイク」も「メイン・プロセッサ」に直結されていて、周辺部品も少なく非常にシンプルな構成になっています。

　プリント基板の設計としては、基板が細長いこともありますが、全体的に「GNDパターン」が細めで、「電源」「デジタル」「アナログ」「RF」のGND区分もきちんとできておらず、ノイズに対しての配慮があまりされていない印象を受けました。

■ 主要部品の仕様

本製品の主要部品について調べていきます。

●メイン・プロセッサ「AC6939B」

「メイン・プロセッサ」のパッケージ

「JL」のロゴから、中国製のBluetoothやWi-Fi搭載製品でよく使われている「珠海市杰理科技股份有限公司」(ZhuHai JieLi Technology, http://www.zh-jieli.com/) 製の「LSI」であることが分かります。

これまでの分解で見てきた「JieLi」のLSIと同様に、パッケージのマーキングの「AC19E9W793-39B2」という型番は製造元の製品一覧には存在せず、データシートも一般には公開されていません。

そこでWebで検索したところ、「TE1011」という製品で香港の会社が申請時に提出したと思われる回路図が公開されていました。

https://bit.ly/2SO43SC

本製品の「メイン・ボード」のシルク表示および基板パターンから起こした回路図のピン配置とも一致しているので、「AC6939B」という型番と特定していいと思われます。

「AC6939B」も「ZhuHai JieLi」の製品一覧には存在していませんが、機能的に近い「AC6905A」のシリーズ製品だと思われます。

＊

「AC6905A」のデータシートは以下より入手可能です。

https://bit.ly/2kZzWcM

＊

この「メイン・プロセッサ」の主な機能は以下です。

1チップでBluetoothのヘッドセットの機能を実現しています。

・Bluetooth V5.0 サポート

・2チャンネルのオーディオ出力(本製品ではL/Rを差動接続で使用)

・1チャンネルのMIC入力

・LDOを内蔵し、必要な電源を内部で生成

・LiPoバッテリ充放電制御機能内蔵

●水晶発振子 24MHz「JWT CF」シリーズ

水晶発振子のパッケージ

「メイン・プロセッサ」用の「水晶発振子」はパッケージの「JWT」のロゴと外形形状から中国の「合肥晶威特电子有限责任公司」(HEFEI Jingweite Electronics, http://www.hfjwt.cn/) 製で発信周波数が24MHzの「Quartz crystal resonator CFシリーズ」であることが分かりました。

製品ページは以下ですが、データシートはリンクが切れており、入手できませんでした。

https://bit.ly/2HT1dW5

■ Bluetooth接続の確認

●スマートフォンでの確認

今回も Android 版の「Bluetooth Scanner」というアプリを使いました。

本機の電源を入れると「EA9745」という名前で検出されるので、ペアリングして接続情報を確認すると、プロファイルは「Headset」、プロトコルは「Classic(BR/EDR)」で接続されています。

本機の接続情報

●「Windows PC」での確認

「Windows10」(64bit)搭載のPCとペアリングをして「デバイス・マネージャ」で確認すると、「Bluetoothヘッドセット」として認識されています。

入力デバイスとしても選択できるので、通話用のマイクとしても使用できます。

「AVRCP」(Audio/Video Remote Control Profile)もサポートしているので、本機からPC本体の制御が可能です。

Windows10での接続プロトコル

ヘッドセットとして認識

＊

　本商品の最大のポイント(弱点)は、「モノラル」であるということです。

　確かに商品パッケージの説明のどこを見ても「ステレオ」という記載がありません。

＊

　実は、分解した後にコントローラ部の基板を改造して、「DACR」と「DACL」の信号を分離して別々に左右のイヤホンに接続して確認してみたのですが、やはり左右同じ音が「モノラル」で再生されました。

　最初は設計ミスの可能性も疑ったのですが、本製品で使っている「メイン・プロセッサ」の「AC6939B」は「モノラル」再生仕様ですので、いわゆるかつての「中国製の怪しいB級商品」であるといってよいでしょう。

＊

　さらに調べたところ、Aliexpressで$10程度で販売されている「A6X」という完全左右分離型のワイヤレス・イヤホンにおいて、「AC6939B/AB5356A」という組み合わせで使われていることが分かりました。

　「A6X」はAliexpressでも多くのショップで販売している、かなりメジャーな商品です。

検索結果：https://bit.ly/2w0NUQJ

　つまり"片耳用に使われているLSIにイヤホンを2個つけて「ステレオっぽい見た目」にした商品"の可能性も考えられます。

＊

　「AC6939B」というLSI自体は1チップでBluetoothのヘッドセットの機能を実現している、「コスト・パフォーマンス」に優れたチップであるだけに、販売価格(税別500円)を実現するためと割り切ったとしても、このような販売方法(パッケージ表示)も含めた「B級商品」に使われているのは、非常に残念です。

5-2 ワイヤレス・イヤホン

　キャンドゥから新たに200～500円（税別）の「デジタル・ガジェットシリーズ」が発売されました。

　今回はその中から、「アルミボディ」で両耳タイプの「ワイヤレス・イヤホン」（税別500円）を分解してみます。

パッケージの外観

■ パッケージと製品の外観

●パッケージの表示

　「ワイヤレス・イヤホン」はキャンドゥのスマートフォンの周辺機器コーナーで販売されています。

　通信仕様は「Bluetooth 5.0」、内蔵の電池容量は60mAhで音楽再生時間は2.5時間。

　「技適認証済」の表示もあり、6ヵ月の製品保証がついています。

　輸入元は記録メディアで有名な秋葉原の「（株）磁気研究所」（http://www.mag-labo.com/）です。

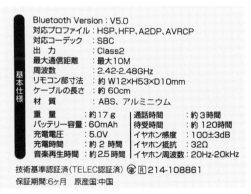

基本仕様	Bluetooth Version	: V5.0
	対応プロファイル	: HSP、HFP、A2DP、AVRCP
	対応コーデック	: SBC
	出　力	: Class2
	最大通信距離	: 最大10M
	周波数	: 2.42-2.48GHz
	リモコン部寸法	: 約 W12×H53×D10mm
	ケーブルの長さ	: 約 60cm
	材　質	: ABS、アルミニウム

重　量	：約17g	通話時間	：約3時間
バッテリー容量	：60mAh	待受時間	：約120時間
充電電圧	：5.0V	イヤホン感度	：100±3dB
充電時間	：約2時間	イヤホン抵抗	：32Ω
音楽再生時間	：約2.5時間	イヤホン周波数	：20Hz-20kHz

技術基準認証済（TELEC認証済）Ⓡ 214-108861
保証期間:6ヶ月　原産国:中国

製品パッケージの表示

●同梱物と本体の外観

　パッケージの内容は「本体」「USBケーブル(充電専用)」「取扱い説明書(日本語)」です。

　本体の「イヤホン部」はアルミボディで、左右をマグネットで固定できます。

　本体形状は**前節**で分解したダイソーの「Bluetoothイヤホン」に似ていますが、こちらのほうはケースのコーナーが「角形状」になっています(ダイソーは「丸形状」)。

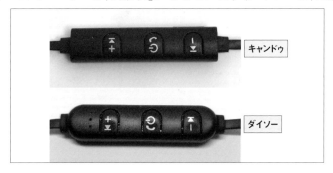

本体の外観(上がキャンドゥ、下がダイソー)

　背面には「技適マーク」の表示があります。

本体背面の技適表示

　ペアリングをして動作確認したところ「ステレオ再生」ができました。
　ダイソーの「Bluetoothイヤホン」はモノラル再生だったので、機能的に大きな差別化ができています。

■ 本体の分解

●本体の開封

　コントローラ部のケースはツメによって固定されているだけなので、精密ドライバを隙間に差し込んで「こじる」ことで簡単に開けることができます。

　内部は「メイン基板」と「LiPoバッテリ」で構成されています。
　イヤホンとLiPoバッテリはリード線でメイン基板に直接ハンダ付けされています。

コントローラ部を開封した状態

■ 回路構成と主要部品の仕様

●LiPoバッテリ

「LiPoバッテリ」は保護回路内蔵の「350926」サイズ（3.5×9×26mm）で、「3.7V 60mAh」の表示があります。

LiPoバッテリ

Aliexpressでは同等品が10個$20程度で販売されています。

●メイン・ボード

「メイン・ボード」は「ガラス・エポキシ」（FR-4）の両面基板です。

表面に実装されているのは「メイン・プロセッサ」とその周辺部品（水晶発振子、セラミック・コンデンサ、BTアンテナ用のインダクタ）、「プッシュ・スイッチ」「コンデンサ・マイク」「状態表示LED（RED/BLUE）」となっています。

Bluetoothのアンテナは基板パターンで構成されています。

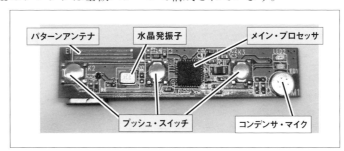

メイン・ボード（表面）

裏面に実装されているのは充電用の「マイクロUSBコネクタ」のみで、(a)「イヤホ

ン」と「LiPoバッテリ」を接続するためのランドと、(b)テスト用と思われるランドがあります。

基板の「型番」(XL-001-AC6936D V1.0)と「製造日」(20190505)の表示もあります。

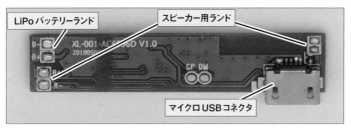

メイン・ボード(裏面)

●回路構成

基板パターンから「メイン・ボード」の回路図を作成しました。

「NM」は、パターンはあるが実装されていない部品です。

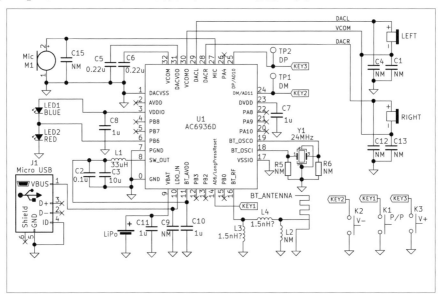

メインボード回路図

Bluetooth用のアンテナは基板パターンで構成された「**板状逆F型アンテナ**」(Planar Inverted-F Antenna)となっています。

＊

「メイン・プロセッサ」にはUSBの「電源」(VBUS)と「LiPoバッテリ」が直接接続されており、LiPoの充電制御を行なっているのも「メイン・プロセッサ」です。

「メイン・プロセッサ」内部の電源は「5系統」(AVDD、VDDIO、BT_AVDD、DVDD、DACVDD)に分かれていて、GNDも細かく分離されています。

＊

　Bluetooth用の電源 (BT_AVDD) は、内蔵の「スイッチング・レギュレータ」の出力 (SW_OUT) を外付けの「LC回路」で平滑して生成。

　「キー入力」(3個)はそれぞれ独立した入力端子に接続されていて、「KEY2」「KEY3」が接続された端子は「テスト・ランド」(DP,DM)と兼用になっています。

　電源やBluetoothのLink状態を示す「RED/BLUE」のLEDは1個の出力端子で排他制御しています。

　スピーカーは「DACR/DACL端子」に直接接続された「ステレオ構成」で、マイナス側を共通の「中間電圧」(VCOMO)に接続することで、電源「ON/OFF」時の「ポップ・ノイズ」の発生を防止。
　マイクも「MIC端子」に直結されています。

　「メイン・プロセッサ」を動作させるための周辺部品は24MHzの「水晶発振子」と電源用の「フィルタ」だけという非常にシンプルな構成です。

＊

　プリント基板のパターーンは、完全ではないですが、「電源」と「GND」も機能別に分離されていて、全体的に「きちんとした設計」という印象です。

■ 主要部品の仕様

　本製品の主要部品について調べていきます。

●メイン・プロセッサ「AC6936D」

「メイン・プロセッサ」

　「メイン・プロセッサ」はこれまで分解したBluetooth機器でもよく使われている、中国の「珠海市杰理科技股份有限公司」(ZhuHai JieLi Technology, http://www.zh-jieli.com/)製のBluetooth Audio用プロセッサ、「AC6936D」です。

　これまでの「JieLi」のLSIと同様に、「AC6936D」という型番は、製造元の製品一覧

では出てきませんが、中国の文書共有サイトである「道客巴巴」（https://www.doc88.com）でデータシートが参照可能です。

https://bit.ly/2HpkWAj

「メイン・プロセッサ」のパッケージは「32pin QFN」、1チップで、「Bluetooth ステレオヘッドセット機能」を実現しています。

＊

主な機能は以下です。

・32bit RISC CPU（160MHz動作、数値演算コプロセッサ内蔵）
・Bluetooth V5.0 サポート
・16bit Stereo DAC（アンプ内蔵）
・MIC 入力 × 1（アンプ内蔵）
・プログラマブルGPIO × 14
・10bit ADC × 11
・USB 2.0 OTG コントローラ × 1
・UART × 3
・IIC interface × 1
・内蔵PMUによる電源制御
・バッテリ充放電制御

「GPIO ピン」には複数の機能が割り当て可能です。

＊

次の表は「テスト・ランド」（DP/DM）に使われているピンの例です。
同じピンを「USB/UART/IIC/ADC」として使うことができます。

ピン割り当ての例（データシートより抜粋）

PIN NO.	Name	I/O type	Drive (mA)	Function	OtherFunction
24	USBDM	I/O	/	USB Negative Data	UARTIRXD: Uart1 Data In(D); IIC SDA A: IIC SDA(A); ADC11: ADC Input Channel 11;
25	USBDP	I/O	/	USB Positive Data	UART1TXD: Uart1 Data Out(D); IIC SCL A: IIC SCL(A); ADC10: ADC Input Channel 10;

内蔵の「PMU」（Power Management Unit）によって必要な電源は内部で生成されます。

表には記載がないのですが、「AVDD」（Analog電源）も3.3Vが内部で生成されています。

PMU特性(データシートより抜粋)

Symbol	Parameter	Min	Typ	Max	Unit	Test Conditions
LDOIN	Voltage Input	4.5	5	5.5	V	—
VBAT	Voltage Input	2.2	3.7	5.5	V	—
V_{DVDD}	Voltage output	0.9	1.2	1.25	V	VBAT = 4.2V, 30mA loading
V_{VDDIO}	Voltage output	—	3.3	—	V	VBAT = 4.2V, 100mA loading
$V_{BT\ AVDD}$	Voltage output	—	1.3	—	V	VBAT = 4.2V, 100mA loading
V_{DACVDD}	DAC Voltage	—	3.1	—	V	VBAT = 4.2V, 10mA loading
LDO_IN	Loading current	—	—	150	mA	VBAT = 4.2V

「データシート」にはこの他にも「ADC/DAC」や「BT」の特性などの詳細が記載されています。

ただ、プログラミングに必要なレジスタ設定などの情報は記載がなく、検索でも見つけることができませんでした。

●水晶発振子24MHz「SMD3225」シリーズ

水晶発振子

「メイン・プロセッサ」用の「水晶発振子」は「SMD3225」シリーズ(3.2 × 2.5mm)で、24MHzのものが使われています。

このタイプは複数の会社から販売されていて完全には特定できませんでしたが、「JF」のロゴから「深圳市晶峰晶体科技有限公司」(Shenzhen Jingfeng Crystal technology, http://www.szjf.com/)のものだと思われます。

*

簡易カタログは以下より入手できます。

https://bit.ly/34nYhgy

Aliexpressでは同等品が10個$1程度で販売されています。

■ Bluetooth接続の確認

●スマートフォンでの確認

今回もAndroid版の「**Bluetooth Scanner**」というアプリを使いました。

　本製品は「**HDBT36BK**」という名前で検出されるので、ペアリングして接続情報を確認すると、プロファイルは「**Headset**」でCodecは「**SBC**」(SubBand Code)c、プロトコルは「**Classic**」(BR/EDR)で接続されています。
　「**Vender**」は「**XEROX CORPORATION**」となっていました。

BTの接続情報

●「Windows PC」での確認

　Windows10(64bit)搭載のPCとペアリングして「デバイス・マネージャ」で確認すると、「Bluetoothヘッドセット」として認識されています。

　入力デバイスとしても選択できるので、通話用のマイクとしても使用できます。
　「**AVRCP**」(Audio/Video Remote Control Profile)もサポートしていて、本機からPC本体のボリュームが制御できることも確認しました。

「ヘッドセット」として認識

Windowsでの接続プロトコル

*

「スマートフォン」とペアリングして実際に音を聞いた限りでは、全体的にクセの少ない素直な音で、低音もある程度出ていました。

「ステレオ対応」でもあり、音楽を聴くための「ワイヤレス・イヤホン」として使えるレベルでした。

数年前の中国製のイヤホンの音質から考えると、大きく進歩しています。

メイン基板は「スイッチ」「LED」「USBコネクタ」「接続用ランド」がダイソーのものと同じ配置になっていて、共通の外装が使える、いわゆる「公板」だと思われます。

外装も、外形が若干違いますが「スイッチ」「LED」「USBコネクタ」などの位置はダイソーのものと共通で、いわゆる「公模」だと思われます。

本製品は、これらの標準化された半製品を組み合わせて「機能」「外観」が異なる別製品として売るという、いい事例だと思います。

索 引

五十音順

中国語企業名

[著者略歴]

ThousanDIY（山崎 雅夫 やまざき・まさお）

電子回路設計エンジニア。
現在は某半導体設計会社で、機能評価と製品解析を担当。
趣味は“100均巡り”と、Aliexpress でのガジェットあさり。

東京都出身、北海道札幌市在住（関東へ単身赴任中）
2016 年ごろから電子工作サイト「ThousanDIY」を運営中。
twitter アカウントは「@tomorrow56」

[主な活動]

Aliexpress USER GROUP JP（Facebook）管理人
M5Stack User Group Japan のメンバー
月刊 I/O で「100 円ショップのガジェット分解」を不定期連載中

[主な著書]

『「100 円ショップ」のガジェットを分解してみる！』工学社、2020 年

[著者ホームページ]

1000 円あったら電子工作「ThousanDIY」（Thousand+DIY）
https://thousandiy.wordpress.com/

質問に関して

本書の内容に関するご質問は、

① 返信用の切手を同封した手紙
② 往復はがき
③ FAX(03)5269-6031
　（ご自宅の FAX 番号を明記してください）
④ E-mail　editors@kohgakusha.co.jp

のいずれかで、工学社編集部あてにお願いします。
なお、電話によるお問い合わせはご遠慮ください。

サポートページは下記にあります。

[工学社サイト]
http://www.kohgakusha.co.jp/

I/O BOOKS

「100 円ショップ」のガジェットを分解してみる！《Part2》

2021 年 1 月 30 日　初版発行　ⓒ 2021	著　者　　ThousanDIY
	発行人　　星　正明
	発行所　　株式会社 工学社
	〒160-0004 東京都新宿区四谷 4-28-20　2F
	電話　　　（03）5269-2041（代）[営業]
	（03）5269-6041（代）[編集]
※定価はカバーに表示してあります。	振替口座　00150-6-22510

[印刷] シナノ印刷（株）

ISBN978-4-7775-2134-0